Augusto Righi

Die moderne Theorie der physikalischen Erscheinungen

(Radioaktivität, Ionen, Elektronen)

Verlag
der
Wissenschaften

Augusto Righi

Die moderne Theorie der physikalischen Erscheinungen

(Radioaktivität, Ionen, Elektronen)

ISBN/EAN: 9783957003973

Auflage: 1

Erscheinungsjahr: 2015

Erscheinungsort: Norderstedt, Deutschland

Hergestellt in Europa, USA, Kanada, Australien, Japan
Verlag der Wissenschaften in Hansebooks GmbH, Norderstedt

Die moderne Theorie

der

physikalischen Erscheinungen

(Radioaktivität, Ionen, Elektronen)

Von

Augusto Righi
ordentlicher Professor an der Universität Bologna

Aus dem Italienischen übersetzt

von

B. Dessau
außerord. Professor an der Universität Perugia

Mit 17 Abbildungen

LEIPZIG
Verlag von Johann Ambrosius Barth
1905

Vorwort.

Die vorliegende Schrift ist zuerst in italienischer Sprache als erweiterte Bearbeitung eines Abschnitts einer anderweitigen Publikation des Verfassers erschienen. Das aktuelle Interesse des Gegenstandes und die anschauliche, unter Wahrung der wissenschaftlichen Strenge doch elementare Behandlung, die in einigen Anmerkungen durch mathematische Formeln ergänzt ist, haben dem kleinen Buche in der Ursprache einen nicht gewöhnlichen Erfolg verschafft und wurden die Veranlassung zur Herausgabe einer deutschen Übersetzung. Diese hat der Unterzeichnete um so bereitwilliger übernommen, als er mit den experimentellen Arbeiten des Verfassers über verschiedene einschlägige Fragen, mit seinen Vorträgen über Radium usw. aus langjähriger Anschauung vertraut ist und darum die Vorzüge einer durch eigene experimentelle Betätigung des Verfassers getragenen Darstellung besonders zu würdigen weiß. Der Übersetzung liegt die zweite italienische Auflage zugrunde; das Literaturverzeichnis am Schlusse ist durch die wichtigeren inzwischen erschienenen Arbeiten ergänzt.

Perugia, im September 1905.

B. Dessau.

Inhaltsverzeichnis.

Einleitung.

Die Zahl der Arbeiten über den Vorgang der elektrischen Entladung ist in den letzten Jahren beinahe ins Unübersehbare gewachsen, und dieselben haben, im Verein mit den erfolgreichen Bestrebungen zur Erweiterung und zum Ausbau der elektromagnetischen Lichttheorie, sowie mit der Entdeckung neuer magneto-optischer Erscheinungen und der Radioaktivität, einen völlig neuen und verheißungsvollen Zweig der Wissenschaft gezeitigt. Im Zusammenhang damit ist eine Theorie entstanden, welche die berührten Tatsachen harmonisch miteinander verknüpft und in den Vorstellungen von der unmittelbaren Ursache der elektrischen Erscheinungen und der physikalischen Vorgänge im allgemeinen eine tiefgreifende Umwälzung hervorgerufen hat.

Nachdem die alte Hypothese des elektrischen Fluidums von den Physikern, hauptsächlich aus Abneigung gegen die Annahme unvermittelter Fernwirkungen, verlassen worden war, hatte es einen Augenblick den Anschein, als ob die Ideen Faradays in ihrer Formulierung durch Maxwell, wonach die elektrischen Erscheinungen nicht in den sogenannten geladenen Körpern, sondern im Äther ihren Sitz haben sollten, zu einer neuartigen Auffassung von der Ursache dieser Erscheinungen führen würden. Es erwies sich jedoch als unmöglich, für die elastischen Deformationen des Äthers, welchen die Maxwellsche Theorie die Übertragung der scheinbaren Fernkräfte zuschreibt, eine befriedigende. mechanische Darstellung zu finden; dazu mußte neben der Materie und dem Äther noch ein von beiden verschiedenes Etwas angenommen werden, und so trat es bald zutage, daß auch in dem neuen Gedankenkreise über das Wesen der Elektrizität keine Aufklärung enthalten war.

Heute hat sich ein weiterer Schritt der Entwicklung vollzogen. Über die letzte Ursache der elektrischen Erscheinungen läßt sich zwar auch jetzt nichts Bestimmteres aussagen, allein indem wir der Elektrizität heute einem atomistischen Aufbau zuschreiben, haben wir mit dieser, durch die eingangs erwähnten Studien gezeitigten Auffassung eine Vorstellung gewonnen, die ebenso fruchtbar zu werden verspricht, wie die seit lange allgemein akzeptierte analoge Vorstellung von der Konstitution der Materie. Denn mit dieser Vorstellung war die Möglichkeit gegeben, zwischen Vorgängen, die voneinander grundverschieden und unabhängig schienen, Beziehungen, und zwar oft solche quantitativer Art, herzustellen.

Was eigentlich die Elektronen oder elektrischen Atome sind, bleibt auch jetzt noch ein Geheimnis; dessenungeachtet aber ist es der neuen Theorie vielleicht gegeben, mit der Zeit auch eine nicht geringe philosophische Bedeutung zu erlangen, insofern sie betreffs der Struktur der ponderablen Materie zu völlig neuen Annahmen kommt und sämtliche Erscheinungen der Außenwelt auf einen gemeinsamen Ursprung zurückzuführen strebt.

Für die positivistischen und utilitaristischen Tendenzen unserer Zeit mag ein derartiger Vorzug nicht viel bedeuten und mag eine Theorie in erster Linie nur als ein Mittel gelten, um die Tatsachen auf bequeme Weise zu ordnen und zusammenzustellen, und um bei der Suche nach weiteren Erscheinungen als Führer zu dienen. Aber wenn frühere Zeiten den Fähigkeiten des menschlichen Geistes vielleicht ein allzugroßes Vertrauen schenkten und zu leicht schon die letzten Ursachen aller Dinge mit den Händen zu fassen meinten, so ist man heute geneigt, in den entgegengesetzten Fehler zu verfallen.

In der vorliegenden Arbeit sollen die wichtigsten Tatsachen, welche zur Aufstellung der Elektronentheorie geführt haben, der Reihe nach erörtert, und soll diese Theorie selbst wenigstens in ihren Grundzügen dargestellt werden.

Erstes Kapitel.

Elektrolytische Ionen und Elektronen*).

Zur Erklärung des Vorganges der Elektrolyse gemäß den Faradayschen Gesetzen, welche für denselben gelten, dient die allgemein angenommene Hypothese der elektrolytischen Dissoziation. Danach vermag jedes Molekül eines Elektrolyten sich in zwei Ionen zu spalten, das heißt in zwei Atome oder Atomgruppen, die mit gleichen und entgegen-gesetzten elektrischen Ladungen behaftet sind; man braucht sogar ein Salz, z. B. Chlornatrium, nur in Wasser zu lösen, so unterliegen seine Moleküle zum Teil der Dissoziation — sie hören auf, als solche zu existieren, die Ionen trennen sich vonein-ander und werden frei. Infolge der unsichtbaren Bewegungen kleinster Teilchen, deren Energie die in einem Körper enthaltene Wärme bildet, wandern die Ionen innerhalb der Flüssigkeit von Ort zu Ort, ohne daß dabei eine Bewegungsrichtung über die anderen die Oberhand gewinnt; bei den unausbleib-lichen Zusammenstößen wird dann bald ein Mo-lekül in Ionen gespalten, bald treten an anderer

---

*) Die eingeklammerten Zahlen im Text beziehen sich auf die Literaturangaben am Schlusse des Buches.

Stelle getrennte Ionen zu Molekülen zusammen. Es ist ein unaufhörlich wechselndes Spiel von Trennung und Wiedervereinigung, bei welchem die Zahl der dissoziierten Moleküle im Laufe der Zeit keine merkliche Änderung erfährt.

Taucht man indessen zwei mit den Polen einer galvanischen Batterie verbundene Elektroden in die Flüssigkeit, so bewegen sich die beiden Arten von Ionen (also in dem von uns gewählten Beispiel die positiven Ionen des Natriums und die negativen des Chlors) nicht mehr unterschiedslos in allen Richtungen; vielmehr folgen sie nun den elektrischen Kräften, welche die ersteren der negativen Elektrode oder Kathode, die letzteren der positiven Elektrode oder Anode zuführen. Sobald die Ionen mit den Elektroden in Berührung kommen, geben sie an diese ihre elektrischen Ladungen ab und werden zu neutralen Atomen, welche in Freiheit bleiben, falls nicht, wie dies gerade beim Natrium eintritt, zwischen diesen Atomen und den umgebenden Stoffen ein besonderer chemischer Prozeß Platz greift.

Der elektrische Strom innerhalb der Flüssigkeit besteht in diesem durch die Ionen vermittelten Elektrizitätstransport.

Zwei von Faraday aufgestellte Gesetze sind es, welche den Vorgang der Elektrolyse regeln. Dem ersten Gesetz, nach welchem zwischen der durch die Flüssigkeit hindurchgehenden Elektrizitätsmenge

und der an den Elektroden abgeschiedenen Stoff-
menge Proportionalität besteht, wird durch die Annahme genügt, daß alle in der Flüssigkeit vorhandenen Ionen mit Ladungen von gleichem absolutem
Betrage behaftet seien. So besitzen im Falle des
Chlornatriums sämtliche Ionen des Metalls gleich
starke positive Ladungen, während jedes Chlor-Ion
mit einer negativen Ladung von gleichem absolutem
Betrag wie jene positiven Ladungen behaftet ist.

Das zweite Faradaysche Gesetz sagt aus, daß
beim Durchgang einer und derselben Elektrizitätsmenge durch verschiedene Elektrolyte (die z. B.
hintereinander in denselben Stromkreis eingeschaltet
sein können) die von dem Strom zersetzten Mengen
beider den betreffenden chemischen Äquivalent-
gewichten proportional sind. Diesem Gesetze wird
durch die Annahme genügt, daß jedes einwertige
Atom eine Ladung besitzt, welche dem absoluten
Betrage nach den Ladungen der Natrium- oder
Chlor-Ionen gleich ist, während den zweiwertigen
Atomen die doppelte Ladung anhaftet usf. Folgendes Beispiel möge dies erläutern: Leitet man
einen und denselben elektrischen Strom durch
Lösungen von Kupferchlorür, dessen Molekül aus
zwei (einwertigen) Kupferatomen und zwei Chlor-
atomen besteht, und von Kupferchlorid, dessen
Molekül ein (zweiwertiges) Kupferatom und zwei
Chloratome enthält, so wird auf der in die erstere

Lösung tauchenden Kathode die doppelte Kupfermenge ausgeschieden wie auf der anderen, obschon selbstverständlich durch beide die gleiche Elektrizitätsmenge hindurchgegangen ist.

Schon im Jahre 1881 hatte Helmholtz darauf hingewiesen, daß die Gesetze der Elektrolyse naturgemäß zu der Auffassung führen, die jeder Valenz eines Ions zukommende Ladung sei ein festes, einer gesonderten Existenz fähiges Quantum; und gleichwie ein materielles Atom ein festes und bestimmtes Teilchen einer gewissen Art von Materie repräsentiert und als nicht weiter teilbar gilt, so ist es nur natürlich, auch jene elektrische Ladung als fest und unteilbar zu betrachten — in der Tat ist man niemals einer kleineren Elektrizitätsmenge begegnet. Die Ladung des einwertigen Ions kann somit als ein *Atom* von Elektrizität oder besser, nach der von Stoney vorgeschlagenen Benennung mit dem Namen *Elektron (elektrisches Ion)* bezeichnet werden.

In gewissem Sinne war der Gedanke einer atomistischen Struktur der Elektrizität bereits im Jahre 1871, also schon lange vor Helmholtz, von Weber ausgesprochen worden. Dieser letztere stellte, wie bekannt, eine Theorie auf, nach welcher die elektrischen Erscheinungen von Teilchen oder Atomen positiver und negativer Elektrizität ausgehen sollten, die aufeinander gegenseitig mit Kräften einwirken, welche nicht nur von der Entfernung zwischen den

Teilchen, sondern auch von den Geschwindigkeiten der Teilchen und ihren Beschleunigungen, das heißt von der Art der Änderung dieser Geschwindigkeiten, abhängig sein sollten. Natürlich hat diese Theorie, welche noch auf dem Standpunkt der Fernwirkung steht, mit der heute bevorzugten nichts weiter als den Fundamentalbegriff des elektrischen Atoms gemein; und wenngleich Weber, der in seiner Theorie nach den Ursachen der Kräfte fragt, welche die atomistische Struktur der Körper bedingen, die Hypothese aufstellt, daß „an jedem ponderablen Atom ein elektrisches Atom hafte" (1), so scheint heute doch die angenommene Beziehung zwischen Ionen und Elektronen von Helmholtz klarer erkannt worden zu sein.

Man glaube nun aber nicht, daß die atomistische Auffassung der Elektrizität etwa die Notwendigkeit in sich schließe, diese als eine Materie zu betrachten; vielmehr steht immer die Annahme frei, ein Elektron sei lediglich ein lokalisierter besonderer Zustand des universellen Äthers. Wir können sogar schon hier hinzufügen, daß die Wissenschaft heute, anstatt die Elektrizität für etwas Materielles zu halten, auf die diametral entgegengesetzte Hypothese geführt wird, daß heißt auf die Annahme, die Atome der verschiedenen Körper seien Systeme von Elektronen.

Wenn die Ionen auf die Elektroden treffen und dadurch zu neutralen Atomen werden, so treten

Elektronen in den Stromkreis ein und bilden den elektrischen Strom. Es liegt nun die Annahme nahe, daß diese Elektronen, anstatt in ein homogenes Ganzes (wie es z. B. das alte elektrische Fluidum wäre) zusammenzufließen, ihre Individualität bewahren, was um so eher geschehen kann, als dieselben ja, um von einem Atom auf ein anderes überzugehen, wahrscheinlich für einen Augenblick isoliert existieren müssen; dann aber wird der elektrische Strom innerhalb eines Leiters weiter nichts sein, als eine Bewegung freier Elektronen durch die Zwischenräume zwischen den Atomen. Unentschieden bleibt dabei, ob der Strom in der Bewegung positiver Elektronen in einem Sinne und negativer im entgegengesetzten Sinne besteht, oder vielleicht in der Bewegung nur einer Art von Elektronen, z. B. der negativen, in einem bestimmten Sinne; man gibt aber dieser letzteren Anschauung den Vorzug, weil man Grund zu der Annahme hat, daß negative Elektronen in freiem Zustand existieren können, nicht aber die positiven. Nur die ersteren, so scheint es, erleiden selbständige Ortsveränderungen, trennen sich von der ponderablen Materie oder verbinden sich mit derselben, sie führen, wie demnächst gezeigt werden wird, in den Lichtquellen Schwingungen aus. Während daher ein negatives Ion, wenn es sich auf der Anode niederschlägt, das Elektron an diese abgibt, verhält sich das positive Ion bei der Berührung mit der Kathode anders: es tritt nicht etwa ein positives Elektron an dieselbe ab, sondern entnimmt von derselben ein negatives.

So ist denn die antike Theorie des elektrischen Fluidums, wenngleich in wesentlich veränderter Gestalt, wieder auferstanden. In der Tat handelt es sich nicht mehr um ein kontinuierliches Fluidum, sondern um spezielle Atome (die Elektronen), welche übrigens, wie schon bemerkt wurde, nicht notwendig im gewöhnlichen Sinne des Wortes als materiell gelten müssen.

Außerdem aber, und das ist ungleich wichtiger, schreibt man den Atomen der Elektrizität nicht die geheimnisvolle Fähigkeit der Fernwirkung zu, mit der man sich das alte Fluidum ausgestattet dachte, sondern man nimmt an, daß die wechselseitigen Kräfte zwischen den Elektronen ihre Ursache in besonderen elastischen Deformationen des Äthers haben, die mit denjenigen identisch sind, die von der Maxwellschen Theorie zur Erklärung der elektrischen Kräfte zwischen Leitern herangezogen wurden.

Um von den Erscheinungen der Elektrolyse Rechenschaft zu geben, brauchte man strenge genommen, wie dies schon früher geschehen ist, nur zur Hypothese der elektrolytischen Dissoziation zu greifen; aber diese Hypothese eignet sich nicht gut zur Erklärung des Durchgangs der Elektrizität durch

Gase und verschiedener anderer Erscheinungen. Dagegen erklärt die Annahme der *elektrischen Dissoziation*, das heißt die Trennung der negativen Elektronen von den neutralen Atomen, sowohl die Elektrolyse als auch die anderen Erscheinungen.

Soll von einem neutralen Atom sich ein negatives Elektron lostrennen, so ist dazu ein Aufwand von Energie notwendig, um die Anziehung zu überwinden, durch welche das Elektron von dem positiven Ion festgehalten wird — denn dieses letztere ist es ja, welches nach der Wegnahme des negativen Elektrons übrig bleibt. Dieser Energieverbrauch ist vollständig analog dem Verbrauch an Wärmeenergie, welcher notwendig ist, um bei der Verdampfung einer Flüssigkeit die Moleküle dieser letzteren voneinander zu entfernen, oder dem Verbrauch an mechanischer Arbeit beim Heben eines Gewichtes.

Die Energie, deren es bedarf, um ein Atom zu *ionisieren* oder zu *dissoziieren*, ist selbstverständlich je nach der Natur dieses Atoms verschieden. Der Versuch lehrt, daß dieselbe am geringsten ist bei den sogenannten elektropositiven Stoffen, wie den Metallen, und daß dieselbe wächst mit dem Fortschreiten gegen die am stärksten elektronegativen Stoffe, welche letztere sogar neue negative Elektronen an sich zu fesseln vermögen; dieselbe hängt ferner ab von der Natur und dem Zustand der Atome in der Umgebung desjenigen Atoms, welches im Begriffe steht, sich in Elektron und positives Ion zu spalten. Bei den in Wasser gelösten Stoffen z. B. ist diese Energie außerordentlich gering.

Die elektrolytische Dissoziation, das heißt die Spaltung eines Moleküls in zwei Ionen, z. B. des Chlornatriums-Moleküls in ein positives Natrium-Ion und ein negatives Chlor-Ion, ist hiernach als eine Folge der elektrischen Dissoziation des Metallatoms zu betrachten.

Dieses letztere spaltet sich in ein positives Natrium-Ion und ein negatives Elektron, und dieses, das von dem Chlor-Atom festgehalten wird, verwandelt dasselbe in ein negatives Ion. Hat man sich einmal diese Auffassung zu eigen gemacht, so fällt die elektrolytische Dissoziation mit den ungemein wichtigen Schlußfolgerungen, welche sich aus ihr ergeben, unter die allgemeinere Theorie der Elektronen.

Zweites Kapitel.

Die Elektronen und die Lichterscheinungen.

Wie im vorigen Kapitel gezeigt worden, präsentiert sich die Elektronenhypothese als durchaus natürliche Folgerung aus den Erscheinungen der Elektrolyse. Nunmehr werden wir sehen, welch unerwartetete und glänzende Bestätigung dieselbe in einem ganz anderen Kapitel der Physik, nämlich in der Optik, gefunden hat.

Daß das Licht in einem Schwingungsvorgang besteht, und nicht etwa, wie dies Newton angenommen hatte, in der Aussendung kleiner körperlicher Teilchen durch den leuchtenden Körper seine Ursache haben kann, ist heute allgemein bekannt und durch die lange Reihe der klassischen Experimente, mit denen die Namen von Young, Fresnel und Foucault verknüpft sind, mehr als hinreichend begründet. Und wenn von Licht die Rede ist, so meint man damit natürlich gleichzeitig auch die Wärmestrahlung, über deren Identität mit den Lichtstrahlen ja, trotz scheinbarer Verschiedenheiten, nach den berühmten Versuchen von Melloni kein Zweifel mehr besteht.

Die Schwingungstheorie verlangt aber die Existenz eines Mediums, welches die Schwingungen nach Wellenart von Ort zu Ort überträgt; daher die Notwendigkeit der Annahme des Äthers, einer allenthalben in den Zwischenräumen zwischen den Planeten und Fixsternen, wie zwischen den Atomen der ponderablen Materie vorhandenen Substanz. Die Ätherhypothese drängt sich also dem Geiste mit unwiderstehlicher Gewalt auf, und erscheint beinahe wie eine bewiesene Tatsache, wenn man bedenkt, wie vollkommen die Schwingungshypothese von den Lichterscheinungen bis in die kleinsten Einzelheiten sogar quantitativ Rechenschaft gibt.

Nach Fresnels Vorgang galten lange Zeit die Lichtschwingungen als wirkliche mechanische Schwingungen der Teilchen des Äthers und der Materie, bis in erster Linie durch Maxwells Leistungen die Erkenntnis sich Bahn brach, daß die Lichtwellen als elektromagnetische Wellen betrachtet und dadurch zwei getrennte Gebiete physikalischer Vorgänge miteinander in Beziehung gebracht werden können. Durch die klassischen Experimente von Hertz und seinen Nachfolgern hat die elektromagnetische Theorie des Lichtes eine gesicherte Grundlage erhalten; und heute widerstrebt wohl kein Physiker mehr der Annahme, daß die Lichterscheinungen in Wirklichkeit elektromagnetische Erscheinungen und daß die Wellen des Lichtes von den zuerst durch Hertz erzeugten nur in quantitativer Beziehung verschieden sind.

So wie sie aus den Eigenschaften des elektromagnetischen Feldes gefolgert wird, vermag indessen die elektromagnetische Theorie des Lichtes von der ganzen Gruppe von Erscheinungen keine Rechenschaft zu geben, zu deren Erklärung auch die mechanische Theorie eine Wirkung der ponderablen Materie auf den Äther annehmen mußte. Auch die elektromagnetische Theorie, wie sie sich heute allgemein Geltung verschafft hat, bedarf darum einer Ergänzung in dem Sinne, daß man die materiellen Atome in geeigneter Weise an den Erscheinungen teilnehmen läßt; und es war ein glücklicher Gedanke des holländischen Physikers Lorentz, gleichzeitig mit den Atomen die elektrischen Ladungen derselben in den Kreis seiner Betrachtungen zu ziehen. Läßt man nur die negativen oder nur die positiven Ladungen an den Lichtschwingungen teilnehmen, und berücksichtigt man außer den elektrischen auch die durch die Bewegung der Ladungen erzeugten magnetischen Kräfte, so gelangt man zu einer elektromagnetischen Theorie des Lichtes, welche auch das Erscheinungsgebiet umfaßt, von welchem die lediglich auf die Maxwellschen oder Hertzschen Formeln gegründete Theorie keine Rechenschaft zu geben vermochte.

Wir haben hier eine ungemein interessante, von Zeeman, einem früheren Schüler von Lorentz, entdeckte Erscheinung zu betrachten, welche für die relative Unabhängigkeit der negativen Elektronen und ihre charakteristische Bewegungsfreiheit Belege liefert.

Ein zum Leuchten gebrachtes Gas sendet, wie bekannt, nur Strahlen von bestimmten Schwingungsperioden aus, nicht aber solche von den dazwischen liegenden, eine ununterbrochene Folge bildenden Perioden; das Spektrum des von dem Gase ausgesandten Lichtes besteht daher nur aus einer beschränkten Anzahl schmaler Linien, das heißt aus einer Reihe von Einzelbildern des Spaltes, welchen das Licht vor seiner Zerlegung durch das Prisma passiert hat.

So besteht z. B. das vom Natrium im Gaszustande ausgesandte Licht aus zwei einander sehr nahen gelben Linien, die in einem nicht besonders leistungsfähigen Spektroskop überhaupt nicht voneinander getrennt, sondern als eine einzige Linie erscheinen. Zeeman zeigte nun, daß, wenn das Gas in ein intensives Magnetfeld, z. B. zwischen die Pole eines kräftigen Elektromagneten, gebracht wird, an Stelle jeder einfachen Linie des Spektrums im allgemeinen eine Gruppe von neuen Linien tritt.

Dabei sind hauptsächlich zwei Fälle zu unterscheiden, je nachdem der betrachtete Lichtsrahl 1) parallel oder 2) senkrecht zu den Linien fortschreitet, welche die Richtung der magnetischen Kraft angeben.

Der allgemeine Fall einer beliebigen Richtung ist natürlich etwas kompliziert und verweisen wir den Leser diesbezüglich auf die betreffenden Spezialuntersuchungen (2).

Wir wollen annehmen, zwischen zwei entgegengesetzten Magnetpolen befinde sich ein leuchtendes Gas, z. B. Kadmiumdampf, wie man ihn leicht er-

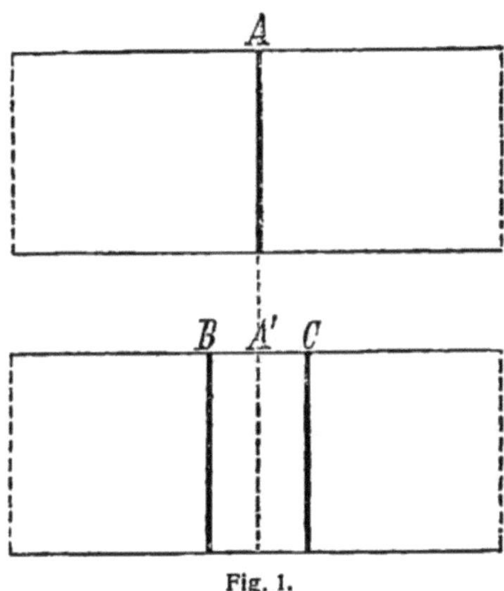

Fig. 1.

hält, indem man zwischen zwei Drähten aus dem genannten Metall elektrische Funken überspringen läßt. Untersucht man dann das Licht, welches sich im Sinne der Richtung der Kraftlinien (1. Fall), das heißt von einem Pol gegen den anderen fortpflanzt, so konstatiert man leicht, daß die grüne Linie des Kadmiumspektrums, die wie in A (Fig. 1) vollkommen scharf und einfach erschienen war, so lange das Magnetfeld nicht vorhanden gewesen war, nach Herstellung dieses letzteren verschwindet und zwei neuen Linien B und C Platz macht, die zu beiden Seiten der vorher von der einfachen Linie eingenommenen Stelle A', und zwar gleichweit entfernt, auftreten.

Die spektroskopische Untersuchung eines Lichtstrahles, dessen Richtung äquatorial, d. h. zu derjenigen des Magnetfeldes senkrecht ist (2. Fall),

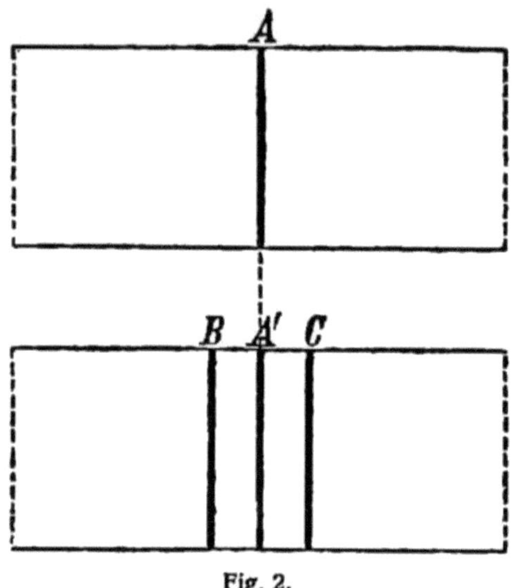

Fig. 2.

ergibt, daß die einfache Linie A (Fig. 2) durch eine Gruppe von drei Linien $C,\ A',\ B$ ersetzt ist, von denen die mittlere sich an der Stelle der ursprünglichen Linie befindet und von den äußeren gleichweit entfernt ist.

Andere Spektrallinien zeigen entweder die gleiche Erscheinung wie die grüne Kadmiumlinie, oder ihr Verhalten ist etwas komplizierter. Von den beiden Linien des Natriums z. B. verwandelt sich die eine, als D_1-Linie bezeichnete, im zweiten Falle in eine Gruppe von vier Linien A, B, C, D (Fig. 3), während

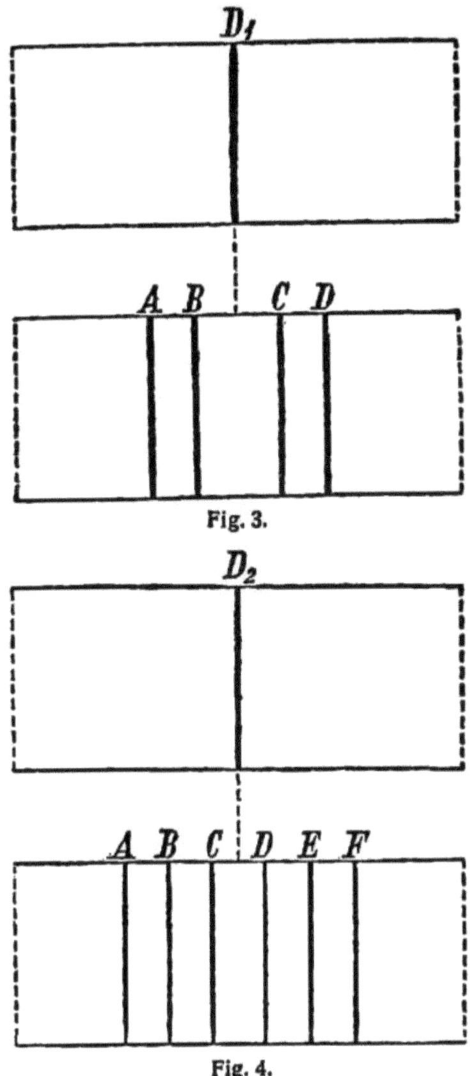

Fig. 3.

Fig. 4.

an Stelle der anderen, die als D_2-Linie bezeichnet wird, eine Gruppe von 6 Linien A, B, C, D, E, F (Fig. 4) tritt.

Die Lorentzsche Theorie gibt von diesen Erscheinungen wenigstens in den minder komplizierten Fällen eine vollständige Erklärung. Für uns mag es genügen, nur den in Fig. 1 dargestellten Fall zu betrachten, der sich auf das von Kadmiumdampf in Richtung der Kraftlinien ausgestrahlte Licht bezieht.

Es sei ein elektrisch geladenes Teilchen gegeben, welches eine Anziehung gegen eine Gleichgewichtslage O (Fig. 5) erfährt, um die es eine kreisförmige Schwingungsbahn mit dem Radius $O\,A$ beschreibt. Indem das elektrische Teilchen schwingt, sendet es Lichtwellen in den Raum hinaus. Wir wollen nun das Licht untersuchen, welches sich in der zur Ebene des Schwingungskreises senkrechten Richtung fortpflanzt.

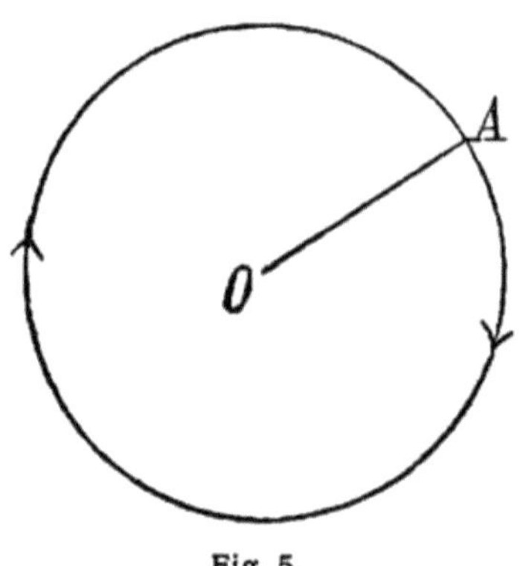

Fig. 5.

Ist ein Magnetfeld mit dieser Richtung vorhanden, so besteht in jedem Augenblick eine elektromagnetische Kraft, analog derjenigen, welche auf ein kurzes Stück eines elektrischen Stromes von der gleichen Richtung wie die Geschwindigkeit des Teilchens wirken würde. Diese Kraft hat demnach die Richtung des Radius $O\,A$, der das bewegliche Teilchen mit dem Mittelpunkt verbindet; ihre Wirkung kann von A gegen O oder in entgegengesetztem Sinne gerichtet sein. Die Kraft, welche bisher das

Teilchen in seiner Bahn erhalten hatte, wird also um den Betrag dieser neuen Kraft vermehrt oder vermindert, und die Folge davon ist eine Änderung der Schwingungsperiode, oder mit anderen Worten der Zeit, die das Teilchen zur Zurücklegung seiner Kreisbahn beansprucht, ganz ebenso wie eine Änderung in der Stärke der Erdanziehung die Schwingungsdauer eines Pendels beeinflussen würde.

Von der Wirkung eines Magnetfeldes auf ein in kreisförmiger Bahn schwingendes Teilchen gelangt man leicht auch zur Bestimmung der analogen Wirkung im Falle einer beliebigen Schwingung. Folgende Betrachtung möge dies klar machen.

Die Lichtschwingungen sind vollständig bekannt. Sie unterliegen den gleichen Gesetzen wie die Schwingungen eines Pendels bei geringer Schwingungsweite; im allgemeinen vollziehen sich die Schwingungen in Ellipsen, die in besonderen Fällen in gerade Linien oder in Kreise übergehen können; stets jedoch sind die Schwingungen transversal, d. h. sie gehen in einer zur Richtung des Lichtstrahls senkrechten Ebene vor sich. Für gewisse Bewegungen läßt sich nun zeigen, daß sie einander kinematisch äquivalent sind; so kann man beweisen, das jede elliptische Schwingung als die Resultierende zweier kreisförmigen Schwingungen angesehen werden darf, von denen die eine rechtsläufig ist, d. h. im Sinne der Bewegung des Uhrzeigers vor sich geht, während die andere linksläufig ist, d. h. in entgegengesetztem Sinne vor sich geht, und es läßt sich noch hinzufügen, daß der Durchmesser derjenigen kreisförmigen Schwingungungsbahn *AB* (Fig. 6), die im gleichen Sinne durchlaufen wird, wie die Ellipse *EF*, gleich der Summe der beiden Halbachsen dieser letzteren ist, während der Durchmesser der anderen kreisförmigen Bahn *CD* durch die Differenz der Halbachsen der Ellipse gegeben ist.[*] Man kann sich davon, auch ohne Anwendung mathematischer Beweise, mit Hilfe des beistehend (Fig. 7) abgebildeten Apparates überzeugen, der, von anderen Zwecken abgesehen, zur Demonstration des Zusammenwirkens zweier kreisförmigen Schwingungen dient.

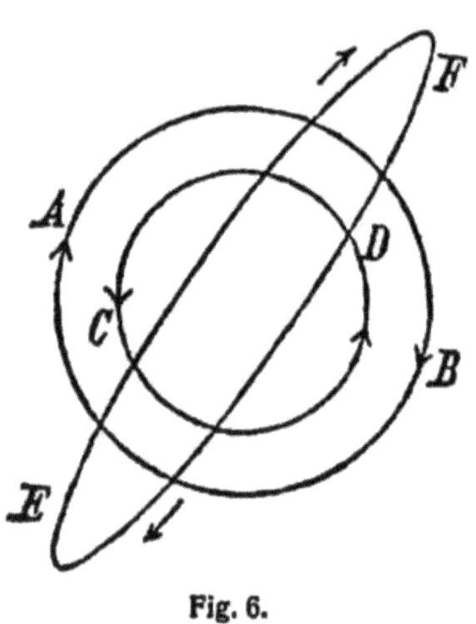

Fig. 6.

---

[*] Unter Zugrundelegung ihrer Achsen als Koordinatensystem wird die elliptische Schwingung in der üblichen Weise durch die Gleichungen $x = a \sin\vartheta$, $y = b \cos\vartheta$ dargestellt. Sie ist offenbar gleichwertig mit der Resultierenden zweier kreisförmigen Schwingungen, von denen die eine rechtsläufig ist (wie dies von der elliptischen Schwingung vorausgesetzt sein soll), mit den Komponenten

$$x = \frac{a+b}{2} \sin\vartheta, \quad y = \frac{a+b}{2} \cos\vartheta,$$

die andere linksläufig mit den Komponenten

$$x = \frac{a-b}{2} \sin\vartheta, \quad y = \frac{a-b}{2} \cos\vartheta.$$

Den Hauptbestandteil des Apparates bilden zwei
Pendel, deren (der Einfachheit in der Abbildung
weggelassene) Aufhängungspunkte in derselben Vertikalen liegen. Eines der Pendel besteht aus einem
schweren metallenen Ring, der an einem dünnen Draht

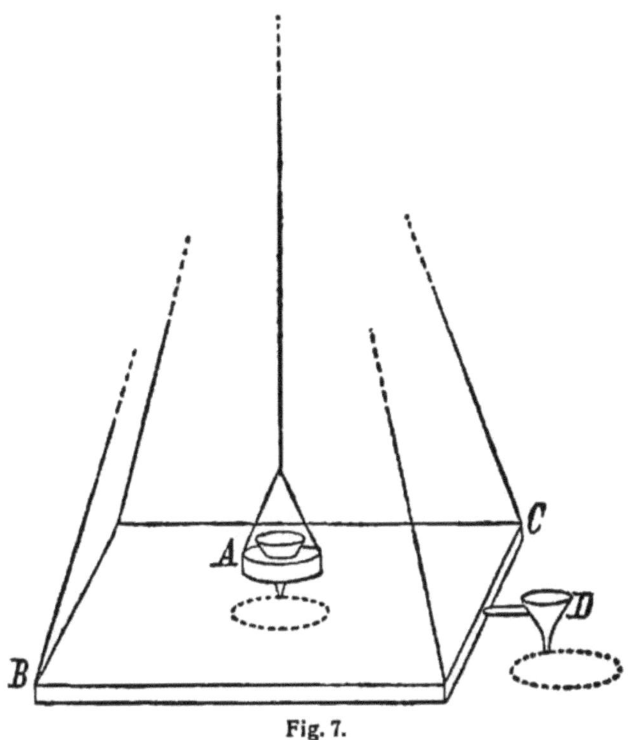

Fig. 7.

hängt und einen mit Sand gefüllten Trichter A trägt;
der untere Teil des andern Pendels besteht aus einem
Brett BC, welches sich unterhalb des Trichters A
befindet und seitlich einen zweiten mit Sand gefüllten
Trichter D trägt. Die Länge des ersten Pendels
läßt sich beliebig verändern; für den hier beabsich-

tigten Versuch muß indessen die Einrichtung so getroffen sein, daß beide Pendel die gleiche Schwingungsperiode haben. Mit Hilfe einer elektrischen Vorrichtung, deren Einzelheiten man sich leicht vorstellen kann, werden die Klappen, welche die Öffnungen der beiden Trichter verschließen, zeitweilig bei Seite gezogen, und so lange dies geschieht, fließt aus dem betreffenden Trichter ein Sandstrahl aus.

Es möge nun zunächst das Pendel BC in Ruhe bleiben und A eine kreisförmige Bewegung erhalten; daß letzteres der Fall ist, erkennt man aus der Spur, welche der aus dem oberen Trichter ausfließende Sand auf BC zurückläßt. Nunmehr erteile man auch dem Pendel BC eine kreisförmige Bewegung, aber in entgegengesetzter Richtung wie diejenige des Pendels A; ob dies gelungen, erkennt man an der Linie, welche der aus dem Trichter D herabfallende Sand auf einer darunter befindlichen Fläche beschreibt. Läßt man dann, während beide Pendel gleichzeitig schwingen, den Sand aus dem Trichter A ausfließen, so erhält man als Schwingungsbahn auf BC eine Ellipse, welche sich in eine gerade Linie zusammenzieht, wenn die zusammensetzenden kreisförmigen Schwingungen von gleichem Durchmesser sind. Auf diese Weise ist nicht allein die Richtigkeit der obigen Behauptungen demonstriert, sondern auch gezeigt, daß bei gleicher Amplitude der beiden entgegengesetzten kreisförmigen Schwingungen die resultierende Bewegung geradlinig ist.

Kehren wir nunmehr zu dem in einem Magnetfeld schwingenden Teilchen zurück. Seine Bahn ist im allgemeinen eine Ellipse, an deren Stelle wir die mit derselben gleichwertigen zwei kreisförmigen Schwingungen setzen können. Die Bahnen dieser letzteren werden, wie wir sahen, in entgegengesetzten Richtungen durchlaufen; wird die eine Schwingung durch das Magnetfeld beschleunigt, so muß demnach die andere verzögert werden. Sind aber die Perioden beider Schwingungen nicht mehr gleich, so können sie auch im Spektrum nicht mehr eine einzige Linie erzeugen, sondern es treten an ihre Stelle zwei neue Linien, die zu beiden Seiten der ursprünglichen liegen. Diese Erklärung, wie sie sich aus der Lorentzschen Theorie für die Zeemansche Erscheinung ergibt, erhielt durch den letzteren den Beweis ihrer Richtigkeit auf Grund neuer Experimente, welche die Tatsache feststellten, daß die neuen Linien wirklich von kreisförmigen Schwingungen herrührten, und zwar die eine von rechtsläufigen, die andere von linksläufigen.

Durch geeignete qualitative und quantitative Versuche wurden dann aus dem Zeemanschen Phänomen noch zwei interessante Resultate gewonnen.

Indem man untersuchte, welche der beiden neuen Linien bei einer gegebenen Richtung des Magnet-

feldes von rechtsläufigen, und welche von linksläufigen Schwingungen herrührte, ließ sich das
Vorzeichen der Ladung der schwingenden Teilchen
feststellen. Es fand sich, daß die Beobachtungs-
ergebnisse mit der Theorie nur unter der Annahme
in Übereinstimmung zu bringen waren, daß die
schwingenden Teilchen nicht mit positiven, sondern
mit negativen Ladungen behaftet seien.

Zweitens ließ sich das Verhältnis zwischen der
elektrischen Ladung und der materiellen Masse des
schwingenden Teilchens mit einer gewissen Án-
näherung feststellen. Dieses Verhältnis ergab sich
mehr als tausendmal so groß, wie das analoge,
welches für die Wasserstoffatome bei der Elektrolyse besteht, und demgemäß in entsprechendem
Verhältnis noch größer wie für die anderen Atome.

Dieses Resultat läßt verschiedene Auffassungen
zu, von denen die beiden folgenden die wichtigsten
sind. Entweder sind die schwingenden Teilchen
Ionen, und dann ist ihre Ladung nicht mehr die
bekannte, welche bei der Elektrolyse jeder Valenz
zukommt, sondern die tausendfache oder eine noch
größere; oder die Ladung der schwingenden Teilchen ist die gleiche wie diejenige der elektrolytischen
Ionen, und dann beträgt ihre Masse nur den
tausendsten oder einen noch geringeren Teil der
Masse eines Wasserstoff-Ions. Natürlich hat die
letztere Auffassung Annahme gefunden, und so be-

trachtet man die schwingenden Teilchen als freie Elektronen. Dieselben besitzen somit eine kleine materielle Masse, oder es ist eine solche mit ihnen verbunden; wir werden indessen sehen, daß diese Masse wahrscheinlich eine elektromagnetische Ursache hat. Auf alle Fälle wird dieses Resultat durch andere unterstützt, zu denen man, wie wir später sehen werden, auf anderen Wegen gelangt.

Die Lorentzsche Theorie erhält somit durch die Zeemanschen Versuche eine glänzende Bestätigung, und man darf demnach annehmen, die Struktur der materiellen Atome sei eine derartige, daß die negativen Elektronen, welche einen Teil der Atome bilden, frei schwingen können, während der positive Anteil relativ unbeweglich bleibt. Wir stellen uns daher vor, ein neutrales Atom bestehe aus einem Teil, dessen Ladung im ganzen positiv ist, und einem oder mehreren negativen Elektronen, welche den positiven Teil umkreisen, wie die Trabanten einen Planeten, und welche durch die elektrische Kraft in ihren Bahnen festgehalten werden.

Jedermann kennt heute die sogenannten Erreger oder Apparate zur Erzeugung von elektromagnetischen Wellen. Ein elektrisch geladener Körper, der Schwingungen vollführt, etwa indem er mit einem tönenden und deshalb schwingenden Körper verbunden ist, bietet eine mögliche, wenn auch nicht gerade eine praktisch vorteilhafte Form eines solchen

Apparates. Man braucht sich nun einfach vorzustellen, der geladene Körper sei durch ein Elektron ersetzt und die Schwingungsperiode sei außerordentlich kurz (sie betrage den Bruchteil einer Sekunde, dessen Zähler $= 1$ und dessen Nenner eine fünfzehnstellige Zahl ist), so erhält man anstatt der Hertzschen elektromagnetischen Wellen die gewöhnlichen Lichtwellen.

Drittes Kapitel.

Die Natur der Kathodenstrahlen.

Die Erscheinungen, von welchen wir nunmehr eine kurze Beschreibung (4) geben werden, zeigen uns die negativen Elektronen nicht im Schwingungszustande, der uns im vorigen Kapitel beschäftigt hatte, sondern in rascher fortschreitender Bewegung begriffen. Diese Erscheinungen bieten somit geeignete Bedingungen für ein eingehenderes Studium dar; die Bewegung kann z. B. in verschiedener Weise beeinflußt und es können dadurch neue und interessante Wirkungen hervorgerufen werden. Bevor wir indessen hierauf eingehen, ist es um der Klarheit der Darstellung willen notwendig, die Erscheinungen der elektrischen Entladung in verdünnten Gasen überhaupt in kurzen Zügen zu charakterisieren.

Wir betrachten ein Glasrohr AC (Fig. 8), in dessen Wandung an den Enden zwei Platindrähte eingeschmolzen sind, welche die Verbindung mit den beiden Aluminiumelektroden a und c vermitteln. Ist der Druck der Luft in dem Rohre niedriger als der Atmosphärendruck, aber doch nicht zu niedrig — entspricht derselbe etwa dem Druck einer Quecksilbersäule von 8 oder 10 mm Höhe — so beobachtet man, wenn man elektrische Entladungen zwischen den beiden Elektroden übergehen läßt, anstatt des bekannten geräuschvollen und glänzenden Funkens, der in der freien Luft auftritt, eine charakteristische Lichterscheinung, an der sich zwei Teile unterscheiden lassen. Von der Anode bis zu einer gewissen Entfernung von der Kathode erstreckt sich die positive Lichtsäule, eine Art von abgebrochenem, rosafarbenem Funken mit verwaschener Begrenzung, in der Umgebung der Kathode erblickt man das violette negative *Glimmlicht*. Die beiden Lichterscheinungen sind durch einen Zwischenraum getrennt, der *Faradayscher dunkler Raum* genannt wird.

Wird nun der Druck der Luft in der Röhre noch weiter vermindert, so ändert sich der Charakter der Lichterscheinungen. Mit der positiven Lichtsäule, die bei zunehmender Luftverdünnung mehr und mehr an Ausdehnung und Lichtstärke verliert und häufig sich in gesonderte, durch relativ dunkle Räume voneinander getrennte Partien (geschichtete Entladung) scheidet, wollen wir uns nicht weiter beschäftigen. Wir beschränken unsere Betrachtungen auf das negative Licht. Zunächst dehnt sich dasselbe, auch wenn es vorher nur am Ende der Kathode erschienen war, über die ganze Kathode aus (wie in C'); mit fortschreitender Verdünnung aber breitet sich das negative Licht nach allen Seiten auf immer größere Entfernung hin aus, und löst sich dabei, wie in C''

dargestellt, von der Elektrode ab. In Berührung
mit dieser hat sich unterdessen eine neue leuchtende

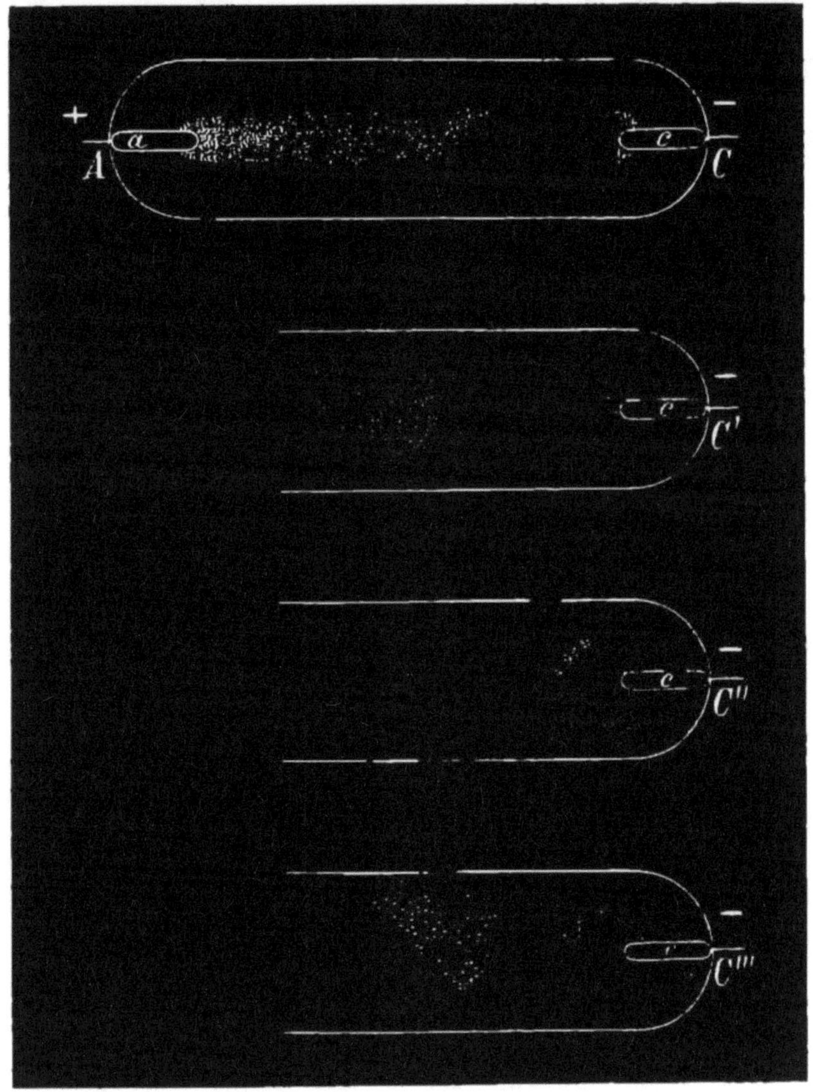

Fig. 8.

Schicht gebildet, so daß das negative Licht nunmehr
in zwei Teile geschieden ist, nämlich in die *erste*

negative Schicht, die an der Kathode haftet, und die *zweite negative Schicht* oder das Glimmlicht; beide sind durch einen verhältnismäßig dunklen Raum voneinander getrennt, der zur Unterscheidung von dem Faradayschen *dunkler Raum der Kathode* genannt wird. Treibt man die Verdünnung noch weiter, so gewinnen die beiden negativen Lichtschichten noch mehr an Ausdehnung, werden aber lichtschwächer und ihre Grenzen verwischen sich (C''' in Fig. 8). Auch der Zwischenraum, welcher sie voneinander trennt, wird größer; und wenn die größte Verdünnung erreicht, der Druck der Luft in der Röhre auf weniger als ein Tausendstel Millimeter reduziert ist, so verschwindet das Leuchten des Gases fast gänzlich.

Bevor jedoch dieses Stadium erreicht ist, tritt eine neue Erscheinung auf. Die Wandung der Röhre in der Umgebung der Kathode und dann gegenüber derselben beginnt ein lebhaftes Licht auszustrahlen, das im allgemeinen von grüner Farbe und durch eine Art von Phosphoreszenz oder vielleicht besser gesagt von Fluoreszenz verursacht ist. Mit diesem Namen bezeichnet man, wie bekannt, eine Art von Lichtemission, die man an manchen Körpern, z. B. dem Flußspat, beobachtet, und die nach dem Aufhören der erregenden Ursache keine merkliche Zeit weiter andauert. Die Ursache muß im vorliegenden Falle ihren Sitz in der Kathode haben, denn wenn zwischen diese und die Röhrenwandung ein Hindernis tritt, so erscheint auf der Wandung ein scharf begrenzter Schatten, ganz wie wenn die Fluroeszenz durch unsichtbare von der Kathode ausgehende Strahlen erregt wäre. Mit diesen Strahlen, welchen man den Namen *Kathodenstrahlen* gegeben hat, müssen wir uns nunmehr beschäftigen.

Dieselben gehen von der Kathode rechtwinklig zur Oberfläche derselben aus und pflanzen sich in gerader Linie fort; daher treffen sie, wenn die Kathode einen Hohlspiegel bildet, sehr angenähert in dessen Krümmungsmittelpunkt zusammen. Durch diese Konzentrierung treten auch ihre merkwürdigen Eigenschaften, die von W. Crookes mit Hilfe geistvoll erdachter Apparate auf so glänzende und anregende Weise veranschaulicht worden sind, deutlicher und schärfer hervor.

Die wichtigsten von diesen Eigenschaften sind die folgenden: Wie schon gesagt, erregen die Kathodenstrahlen die Phosphoreszenz, aber nicht nur beim Glas, sondern auch bei vielen anderen Stoffen, unter denen auch die, welche durch die Wirkung der Lichtstrahlen phosphoreszieren, inbegriffen sind. Die Kathodenstrahlen erhitzen die Körper, auf welche sie treffen, und streben sie in Bewegung zu setzen, wie wenn sie einen mechanischen Stoß auf dieselben ausübten. Möglicherweise ist jedoch diese mechanische Wirkung wenigstens zum Teil nur eine Folge der Erwärmung. Endlich werden die von Kathodenstrahlen getroffenen Körper eine Quelle neuer Strahlen, der von Röntgen entdeckten vielgenannten X-Strahlen.

Zur Erklärung all dieser Erscheinungen stellte Crookes seine Hypothese der strahlenden Materie auf.

Bereits im Jahre 1816 hatte der berühmte Faraday (5) auf die Möglichkeit eines vierten Zustandes der Materie hingewiesen, als Folge einer hypothetischen Veränderung, „welche über die Verdampfung ebensoweit hinausgeht, wie diese über den flüssigen Zustand"; und zur besseren Erläuterung seines Gedankens hatte er hinzugefügt, „er wünsche mit der lebhaftesten Ungeduld die Entdeckung eines neuen Zustandes der chemischen Elemente". Er setzte ferner hinzu — und dies ist mit Bezug auf die Theorie, welche uns hier beschäftigt, von besonderer Bedeutung — „die Zersetzung der Metalle und ihre Wiederzusammensetzung, die Verwirklichung des einst absurden Gedankens der Transmutation" seien die Probleme, welche die Chemie zu lösen habe.

Nach der Ansicht von Crookes gehen, wenn die Entladung in einem sehr verdünnten Gase stattfindet, überaus kleine und mit negativer Elektrizität geladene materielle Teilchen von der Kathode aus; die Bewegung dieser Teilchen, die einen vierten, gewissermaßen auf den gasförmigen folgenden Zustand der Materie darstellen, ist eine Folge der heftigen Abstoßung, welche sie von der Kathode erfahren; die beobachteten Erscheinungen sind nach Crookes eine Folge des Zusammenstoßens dieser Teilchen mit anderen Körpern, und die Bahnen der Teilchen bilden die Kathodenstrahlen. Man nahm dann an, diese Teilchen seien nichts anderes als die Atome des in der evakuierten Röhre noch in geringer Menge vorhandenen Gases, welches infolge des hohen Verdünnungsgrades jene neuartigen Eigenschaften entfalte, die in dem bekannten Radiometer von Crookes durch die Drehung eines kleinen Flügelrades augenfällig werden.

Einige Forscher jedoch, zu denen auch der berühmte Hertz zählte, fanden es für wahrscheinlicher, die Kathodenstrahlen als eine Schwingungserscheinung nach Art des Lichtes zu betrachten, die in der Oberfläche der Kathode ihren Ursprung, ihren Sitz aber im Äther habe. Indessen konnte sich diese Auffassung vor den fortschreitenden Ergebnissen der Forschung nicht lange behaupten.

Verschiedene Physiker, u. a. der Engländer J. J. Thomson (6), dem die heutige Theorie der Elektronen zum großen Teil zu verdanken ist, und der Italiener Majorana (7), erkannten, daß die Geschwindigkeit der Kathodenstrahlen erheblich geringer ist als diejenige des Lichtes; gleichzeitig zeigte Perrin (8), daß die Kathodenstrahlen negative Elek-

trizität mit sich führen und später wies Lenard (9)
nach, daß diese Ladung der Kathodenstrahlen auch
dann noch besteht, wenn dieselben eine dünne Metall-
schicht passiert haben.

Der Perrinsche Versuch läßt sich mit der in Fig. 9
abgebildeten Entladungsröhre ausführen. Die Kathode C ist eine kleine Scheibe aus Aluminium und
die Anode $ABDE$ hat die Gestalt eines zylindrischen
Behälters mit kreisförmigen Öffnungen in der Mitte

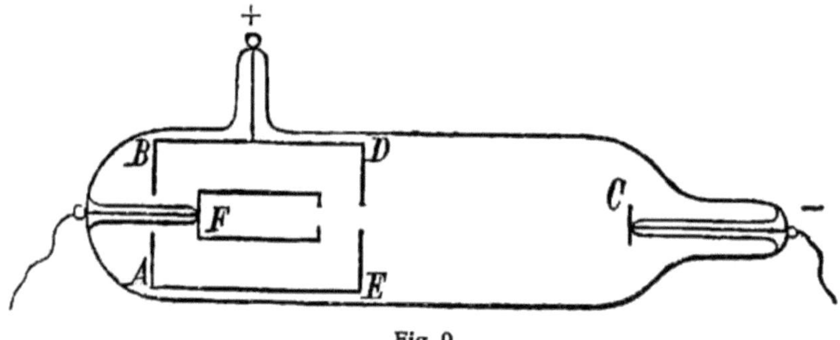

Fig. 9.

der Endflächen. Die Anode ist mit der Erde verbunden; innerhalb derselben befindet sich ein Leiter F,
von welchem ein Draht zu einem Elektroskop führt.
Dem Leiter F gibt man die Gestalt eines Hohl-
zylinders mit einer gegen die Endfläche DE der
Anode gerichteten Öffnung. Wenn die Röhre von
Entladungen durchsetzt wird, so sammelt sich auf
dem Leiter F eine negative Ladung an, die offenbar
nur durch einen von den Kathodenstrahlen vermittelten Transport dorthin gelangt sein kann. Um
sich davon zu überzeugen, braucht man nur der

Röhre von der Seite her einen Magneten zu nähern. Dieser hat nämlich, wie wir sehen werden, die Wirkung, die Kathodenstrahlen von ihrer geradlinigen Bewegung abzulenken, so daß sie nicht mehr durch die Öffnung der Anode in den Innenraum derselben gelangen können, wie man dies daran erkennt, daß nunmehr eine exzentrisch gelegene Stelle der Fläche DE, die zu diesem Zweck mit einer phosphoreszierenden Substanz bekleidet ist, zum Leuchten gebracht wird. Sobald dies eintritt und der Zylinder F somit nicht mehr von den Kathodenstrahlen getroffen wird, zeigt derselbe auch keine negative Ladung mehr an.

Durch die Auffindung dieser Tatsachen erhielt selbstverständlich die Crookessche Theorie eine mächtige Stütze. Auf Grund zahlreicher neuerer Versuche, an denen sich eine Reihe von Physikern beteiligte, ist dann die ursprüngliche Hypothese noch etwas modifiziert und schärfer präzisiert worden; heute nimmt man an, daß die Teilchen, deren rapide Bewegung die Kathodenstrahlen darstellt, nichts anderes sind, als die uns schon bekannten negativen Elektronen. Diese Auffassung, die sich heute allgemeine Geltung verschafft hat, gründet sich hauptsächlich auf die folgenden genau festgestellten Tatsachen, mit welchen wir uns weiterhin noch eingehender zu beschäftigen haben werden. Erstens findet man an den Kathodenstrahlen stets die gleichen

Eigenschaften, welches auch das äußerst verdünnte Gas ist, in welchem sie entstanden sind, und aus welchem Material die Kathode bestehen mag; und zweitens besitzen die in Bewegung begriffenen negativ geladenen Teilchen, denen wir hier begegnen, die gleiche überaus geringe Masse von einem Tausendstel oder einem noch kleineren Bruchteil der Masse eines Wasserstoffatoms, die man auch, wie schon gesagt worden, beim Studium des Zeemanschen Phänomen antrifft und die ebenso bei verschiedenen anderen Erscheinungen eine Rolle spielt.

Man kann Kathodenstrahlen auch ohne Mitwirkung der elektrischen Entladungen erhalten. So sendet z. B. ein der Einwirkung der Lichtstrahlen oder besser der ultravioletten Strahlen unterworfener Körper Elektronen aus. Befindet sich das Gas, welches den Körper umgibt, nicht im Zustande äußerster Verdünnung, so vereinigen sich die Elektronen mit neutralen Atomen zu negativen Ionen; ist dagegen das Gas ganz oder bis auf einen sehr geringen Rest beseitigt, so bleiben die Elektronen frei und entfernen sich von dem Körper, indem sie richtige Kathodenstrahlen bilden (10), die im allgemeinen geringere Geschwindigkeiten besitzen, als diejenigen, welche in den Entladungsröhren zustande kommen; die Geschwindigkeit der Strahlen fällt um so geringer aus, je niedriger das negative Potential des bestrahlten Körpers ist.

Auch bei den Kathodenstrahlen wurde nicht die Masse der Elektronen für sich bestimmt, sondern nur das Verhältnis zwischen der elektrischen Ladung eines Teilchens und seiner Masse. Diese Bestimmung beruht auf den Wirkungen, welche die Kathodenstrahlen durch elektrische und magnetische Kräfte erleiden, und welche der hier dargelegten Theorie durchaus entsprechen. Offenbar müssen ja mit negativer Elektrizität geladene, in Bewegung begriffene Teilchen von ihrer an und für sich geradlinigen Bahn abgelenkt werden, wenn eine elektrische Kraft auf sie einwirkt; und da ein in Bewegung begriffenes elektrisch geladenes Teilchen sich ähnlich wie ein elektrischer Strom oder genauer gesagt wie ein Element eines solchen verhält, so muß ein solches Teilchen auch in einem Magnetfeld eine Ablenkung erfahren. Von diesen Erscheinungen und den darauf bezüglichen Messungen wird weiterhin die Rede sein.

Viertes Kapitel.

Die Ionen in Gasen und in festen Körpern.

In den Elektrolyten sind die Elektronen mit neutralen Atomen zu freien Ionen verbunden, und die Bewegung dieser letzteren bildet den elektrischen Strom. Man nimmt gegenwärtig an, daß das gleiche auch für die Gase gilt; wenn also ein Gas elektrische Leitfähigkeit aufweist, so rührt dies von dem Vorhandensein von Ionen und ihrer Bewegung unter der Einwirkung elektrischer Kräfte her. Die Hypothese der Ionisierung der Gase, für die schon seit lange einige Physiker eingetreten waren, hat heute, infolge der zahlreichen in den letzten Jahren angesammelten experimentellen Belege allseitige Annahme gefunden.

Die heutige Auffassung geht also dahin, daß ein Gas freie Ionen enthält. Unter gewöhnlichen Verhältnissen ist die Menge derselben freilich so gering, daß das Gas davon nur eine minimale Leitfähigkeit erhält. Es gibt aber Bedingungen, unter denen ein Gas durch Einwirkung einer geeigneten äußeren Energie ionisiert wird, das heißt unter denen viele seiner Atome sich in positive Ionen und negative Elektronen spalten. Ist das Gas nicht bis zu einem sehr hohen Grade verdünnt, so vereinigen sich die letzteren mit neutralen Atomen zu negativen Ionen. Gewisse Tatsachen deuten ferner darauf hin, daß mit den Ionen sich noch neutrale Atome oder Moleküle zu Gruppen verbinden können, welche die gewöhnliche Ladung der Ionen, dabei aber eine viel größere Masse besitzen, als sie bei einem einfachen Ion vorkommen kann.

Daß die elektrische Leitfähigkeit eines Gases von der Gegenwart elektrisch geladener Teilchen herrührt, die sich frei zwischen seinen Molekülen bewegen können, bildet die natürlichste Erklärung der bekannten Tatsachen, unter denen namentlich die folgenden Erwähnung finden mögen.

Läßt man ein ionisiertes Gas durch enge Kanäle, z. B. durch einen Pfropfen von Glaswolle, hindurchgehen, oder läßt man es in Blasen durch eine leitende Flüssigkeit hindurchtreten (11), die jedoch keine radioaktiven Substanzen enthalten darf, so verliert es seine Leitfähigkeit. Das gleiche tritt ein, wenn man das Gas zwischen zwei entgegengesetzt geladenen Leitern hindurchstreichen läßt, so daß es den Übergang des Stromes zwischen denselben vermittelt. Die Erscheinung erklärt sich im ersten Falle durch die Anziehung, welche die Ionen von den Körpern erleiden, in deren Nähe sie gelangen; im zweiten Falle zieht jeder von den beiden Leitern diejenigen Ionen an, deren Ladung seiner eigenen entgegengesetzt ist; auch auf diese Weise werden also die Ionen festgehalten und aus dem Gase entfernt.

Auch das Verhalten eines ionisierten Gases, wenn es den Durchgang des elektrischen Stromes vermittelt, steht mit der dargelegten Hypothese durchaus in Einklang. Es seien zwei parallele Metallplatten gegeben, von denen die eine mit dem isolierten Pol einer galvanischen Batterie, die andere mit einem Elektrometer in Verbindung stehe. Ionisiert man die Luft zwischen den Platten, indem man sie von Röntgenstrahlen durchsetzen läßt, so konstatiert man bei einer Änderung des Potentials der mit der Batterie verbundenen Platte, daß das Gas dem bekannten, für konstante Ströme gültigen Ohmschen Gesetze nicht folgt. Nach diesem Gesetze ändert sich nämlich, wie bekannt, die Stromstärke in einem Leiter proportional der Potentialdifferenz zwischen den Enden desselben; dagegen wächst hier die Stromstärke, deren Maß sich aus der Ladung ergibt, welche die mit dem Elektrometer verbundene Platte in einer bestimmten Zeit erlangt, viel langsamer als das besagte Potential, und erreicht sogar schließlich einen Grenzwert, der auch bei weiterer Steigerung des Potentials nicht überschritten wird. Ist dieser *Sättigungswert* der Stromstärke eingetreten, so bedeutet dies, daß sämtliche durch die Röntgenstrahlen (oder allgemeiner durch die in dem betreffenden Falle wirksame ionisierende Ursache) in einer bestimmten Zeit erzeugten Ionen zur Übertragung des Stromes in derselben Zeit Verwendung finden. Eine Steigerung des Potentials bleibt dann ohne Erfolg, weil keine größere Zahl von Ionen verfügbar ist.

Auch eine durch den Verfasser (12) konstatierte von J. J. Thomson und E. Rutherford bestätigte und richtig interpretierte eigentümliche Erscheinung findet durch die dargelegte Theorie ihre natürliche Erklärung. Ändert man nämlich den Abstand zwischen den beiden eben betrachteten Metallplatten, so ändert sich auch die Intensität des Stromes, welcher die ionisierte Luft zwischen denselben durchsetzt, aber der Sinn dieser Änderung ist entgegengesetzt demjenigen, den man erwartet hätte, denn die Stromstärke wächst innerhalb gewisser Grenzen mit dem Abstand zwischen den Platten. Die Erscheinung erklärt sich leicht, wenn man bedenkt, daß mit zunehmendem Abstand zwischen den Platten auch die an dem Vorgang beteiligte Luftmenge wächst, und mit ihr die Zahl der Ionen, deren Bewegung den Sättigungsstrom vermittelt.

Bei der Bewegung der Ionen zwischen den Molekülen eines Gases finden häufige Zusammenstöße mit diesen statt, es kann dann geschehen, daß sich durch Spaltung neutraler Moleküle neue Ionen bilden, und daß durch Vereinigung von Ionen von entgegengesetztem Vorzeichen Moleküle zurückgebildet werden. Dieser letztere Vorgang, das Verschwinden von Ionen, findet unaufhörlich statt, und ihm ist es zuzuschreiben, daß unter der Einwirkung einer ionisierenden Ursache die Zahl der Ionen in einem Gase nicht über einen gewissen Betrag hinaus wächst.

Auch wenn nur in einem Teile des Gases Ionen gebildet werden, gelangen sie durch Diffusion in die übrigen Teile desselben. In Gasen unter Atmosphärendruck ist die Diffusionsgeschwindigkeit infolge der häufigen Zusammenstöße im allgemeinen überaus gering; unter der Einwirkung eines elektrischen Feldes aber erreicht die Diffusionsgeschwindigkeit der Ionen einen hohen Betrag; bei einer ersten derartigen Messung (13) fand sich eine Geschwindigkeit von 50 bis 80 Metern in der Sekunde.

Eine Ionisierung ist durch verschiedenartige Ursachen möglich: ultraviolette Lichtstrahlen, Kathodenstrahlen, Röntgenstrahlen, die Strahlung der radioaktiven Stoffe, Erwärmung auf hinreichend hohe Temperatur sind imstande, dieselbe herbeizuführen. Je nach den Umständen erstreckt sie sich mehr oder weniger weit, und wie bereits bemerkt worden, erreicht sie eine Grenze durch die beständige Rückbildung neutraler Atome und Moleküle.

Es gibt aber noch eine Ursache der Ionisierung, auf welche sich bei näherer Betrachtung sämtliche genannten Ursachen zurückführen lassen: es ist dies der Stoß von Ionen oder Elektronen (von denen

wahrscheinlich auch in Gasen von Atmosphärendruck wenigstens vorübergehend immer eine gewisse
Anzahl in freiem Zustande existiert) gegen die Atome
oder Moleküle. Besitzt ein Ion eine hinreichend
große Geschwindigkeit, so wird es die Energie abgeben können, die erforderlich ist, um ein Atom in
ein positives Ion und ein negatives Elektron, und
mithin auch ein Molekül in zwei Ionen von entgegengesetztem Vorzeichen zu verwandeln. Diesen
verschiedenen Mitteln zur Ionisierung eines Gases
müssen wir eine kurze Betrachtung widmen.

Die Lichtstrahlen und insbesondere die ultravioletten Strahlen können auf zweierlei Weise die
Ionisierung eines Gases bewirken. Treffen sie auf
einen festen oder flüssigen Körper, so hat dies zur
Folge, daß derselbe negative Elektronen aussendet;
besaß der Körper eine negative Ladung, so verliert
er dieselbe in kurzer Zeit und erlangt sogar, wie
der Verf. (14) nachgewiesen hat, eine positive Ladung.
Der Versuch wird in der Regel mit Metallen angestellt, weil bei den Flüssigkeiten die Wirkung sehr
schwach ist und feste Isolatoren sich zu quantitativen
Bestimmungen weniger gut eignen; als aktive Strahlung
benutzt man die von dem galvanischen Lichtbogen
oder dem elektrischen Funken ausgehenden ultravioletten Strahlen, obschon bei gewissen Stoffen,
z. B. amalgamiertem Zink und den Alkalimetallen,
auch die sichtbaren Strahlen eine merkliche Wirkung

hervorbringen. Bei genügender Stärke des durch die negative Ladung des Körpers erzeugten elektrischen Feldes können dann die von dem Körper ausgesandten negativen Elektronen hinreichende Geschwindigkeiten erlangen, um durch ihren Stoß die neutralen Atome zu ionisieren.

Die von dem elektrischen Funken ausgehenden brechbarsten ultravioletten Strahlen bewirken aber auch unmittelbar die Ionisierung des von ihnen durchsetzten Gases, wie dies Lenard (15) gezeigt hat, indem er die Strahlen, die von den zwischen Aluminiumdrähten überspringenden Funken ausgesandt werden, auf geladene Körper einwirken ließ. Positive und negative Ladungen wurden ungefähr gleich rasch zerstreut, auch die Natur der bestrahlten Körper und der Zustand ihrer Oberfläche war kaum von Einfluß. Die Elektrizitätszerstreuung konnte demnach nicht von einer Wirkung auf die Oberfläche der bestrahlten Körper herrühren, sondern nur von einer Wirkung auf die Masse des von den Strahlen durchsetzten Gases, oder mit anderen Worten von der Ionisierung desselben durch die Strahlen. Ein Versuch, der sich auch mit anderen ionisierenden Mitteln anstellen läßt, bestätigte diese Auffassung. Läßt man nämlich die Strahlen auf eine Stelle eines Luftstroms wirken und führt diesen nachher einem geladenen Körper zu, so verliert der letztere seine Ladung, auch wenn er nicht von den Strahlen getroffen wird, weil die durch die Strahlen (oder auf andere Weise) ionisierte Luft ihre Leitfähigkeit noch eine Zeitlang beibehält; dagegen hört die Wirkung auf, wenn der Zutritt der Strahlen zu der Luft unterbrochen wird.

Es scheint, daß nur die raschsten ultravioletten Schwingungen ein Gas in merklichem Grade direkt zu ionisieren vermögen. Die beschriebenen Versuche gelingen nämlich nicht, wenn die Strahlen, welche die Wirkung hervorbringen sollen, einen Weg von mehreren Zentimetern in der Luft zurückzulegen haben; und es ist bekannt, daß die brechbarsten ultravioletten Strahlen in Luft von Atmosphärendruck eine rasche Absorption erleiden.

Die Kathodenstrahlen, welche, wie wir sahen, nichts anderes sind, als negative Elektronen in rascher Bewegung, ionisieren die Gase, welche sie treffen. Hiervon wird später ausführlicher die Rede sein.

In den Röntgenstrahlen haben wir es wahrscheinlich mit einer Äußerung von Ätherwellen zu tun, die durch plötzliche Geschwindigkeitsänderungen der Ionen hervorgerufen sind; die von denselben bewirkte Ionisierung der Gase scheint eine Folge des unvermittelten elektrischen Impulses, den die Elektronen, die den Atomen des Gases angehören, erleiden.

Endlich muß auch die Wirkung einer Temperaturerhöhung, die gleichbedeutend ist mit einer Steigerung der Geschwindigkeiten der Atome und wahrscheinlich auch der Geschwindigkeit, mit denen die negativen Elektronen schwingen, naturgemäß dahin gehen, diese letzteren aus ihrer Verbindung mit dem positiven Anteil des Atoms zu befreien. Ein glühender Draht ionisiert das Gas, mit welchem er in Berührung ist, und die den Flammen entsteigenden Gase zeigen sich immer stark ionisiert.

Damit die Moleküle eines Gases durch den Stoß der in ihm bereits vorhandenen Ionen ionisiert werden können, ist es im allgemeinen notwendig, das Gas der Einwirkung ziemlich bedeutender elektrischer Kräfte auszusetzen. In einem zu schwachen Feld folgen die Ionen zwar der elektrischen Kraft, aber sie erlangen zwischen einem Zusammenstoß und dem nächstfolgenden keine genügende Geschwindigkeit, und die Wirkung der Zusammenstöße beschränkt sich unter solchen Umständen darauf, das Anwachsen dieser Geschwindigkeit über einen geringen Betrag hinaus zu verhindern, da natürlicherweise ein Teil der Bewegungsenergie der Ionen an die von ihnen getroffenen Moleküle übergeht. Unter diesen Verhältnissen können die von den Ionen zurückgelegten Bahnen sich nur sehr wenig von den elektrischen Kraftlinien unterscheiden, oder mit anderen Worten, die Ionen müssen sich beständig ungefähr in der Richtung der Kraft bewegen, welche auf sie einwirkt. Eine unmittelbare Folge hiervon sind die Erscheinungen der *elektrischen Schatten* und andere damit zusammenhängende, die an anderer Stelle (16) ausführlich beschrieben sind.

Wirkt dagegen auf das Gas ein hinreichend starkes elektrisches Feld, so führen die Zusammenstöße zur Ionisierung, und auf diese Tatsache gründet sich jetzt auch eine befriedigende Erklärung der verwickelten und mannigfaltigen Erscheinungen der elektrischen Entladung. Eine ausführliche Behandlung dieser Erscheinungen würde die Grenzen überschreiten, welche diesem Kapitel gesteckt sind; es wird uns aber für später von Nutzen sein, wenn wir beispielsweise die Erklärung wiedergeben, welche die Entstehung der beiden Schichten des negativen Lichtes und des dunklen Raumes zwischen denselben bei der Entladung in sehr verdünnten Gasen gefunden hat.

Der Vorgang wird eingeleitet durch die wenigen in dem Gas vorhandenen Ionen und Elektronen, vielleicht auch durch negative Elektronen, die von der Kathode ausgestoßen werden. Diese Elektronen nehmen eine beschleunigte Bewegung an, und erlangen rasch eine derartige Geschwindigkeit, daß sie imstande sind, durch ihre Stöße die Moleküle des Gases bis auf einige Entfernung von der Kathode zu ionisieren, wodurch die zweite negative Schicht oder das Glimmlicht zustande kommt. Dieses letztere bezeichnet also eine Region des Gases, in welcher Ionisierung stattfindet. Die auf solche Weise erzeugten positiven Ionen werden durch die elektrische Kraft gegen die Kathode getrieben, und in der Nähe der letzteren besitzen sie dann eine hinreichende Geschwindigkeit, um die Moleküle des Gases zu ionisieren; auf diese Weise entsteht die erste Schicht des negativen Lichtes.

Die in dieser Region erzeugten Elektronen werden sich nun bewegen, indem sie sich von der Kathode entfernen, so daß die beiden Ionisierungsregionen einander wechselseitig die erforderlichen Ionen oder Elektronen liefern. Der dunkle Kathodenraum ist somit nichts anderes als der Raum, welchen die Elektronen, die die Kathodenstrahlen bilden, und hauptsächlich die positiven Ionen, die sich gegen die Kathode bewegen, zu passieren haben, bevor sie die zur Ionisierung notwendigen Geschwindigkeiten erlangt haben.

Wir wollen den negativen Elektronen, nachdem sie die erste negative Schicht erreicht haben, nicht weiter folgen; dagegen ist es für uns von Interesse, zu erfahren, was mit den positiven Ionen bei ihrer Ankunft an der Kathode geschieht. Ein Teil derselben wird selbstverständlich durch negative Elektronen neutralisiert; andere aber können vermöge ihrer Geschwindigkeit oder der geänderten Richtung, die ihre Bewegung durch die Stöße erhalten hat, um die Kathode herumwandern, oder auch durch dieselbe hindurchgelangen, falls sie mit Öffnungen oder Kanälen versehen ist oder aus einem Drahtnetz besteht. Die positiven Ionen bilden dann jenseits der Kathode den Kathodenstrahlen analoge *positive* oder *Anodenstrahlen*, die man nach dem von Goldstein gewählten Namen auch als *Kanalstrahlen* bezeichnet findet.

Ein elektrisches Feld oder Magnetfeld lenkt die positiven Strahlen ab, aber in entgegengesetztem Sinne wie die Kathodenstrahlen; die Tatsache und der Sinn dieser Ablenkung bildet den Beweis dafür, daß die genannten Strahlen aus positiv geladenen Teilchen bestehen. Der Betrag der Ablenkung ist erheblich geringer als unter gleichen Bedingungen bei den Kathodenstrahlen, und beweist, daß die Masse der bewegten Teilchen in diesem Falle nicht so gering ist wie bei den letzteren, sondern von einer Größe, die sich mit derjenigen der Atome oder der elektrolytischen Ionen vergleichen läßt. Man hat es demnach nicht mit positiven Elektronen, sondern mit Ionen, wahrscheinlich sogar mit noch größeren Aggregaten zu tun.

Nachdem wir nun erkannt haben, daß der elektrische Strom sowohl in den Gasen wie in den Flüssigkeiten in einem Transport elektrischer Teilchen besteht, erscheint es immer natürlicher, die gleiche Annahme, wie dies schon im ersten Kapitel geschehen, auch betreffs der festen Leiter zu machen.

Und da anscheinend nur die negativen, nicht aber die positiven Elektronen in freiem Zustand existieren können, so nimmt man an, der elektrische Strom in einem Leiter bestehe wenigstens der Hauptsache nach in einer Bewegung negativer Elektronen. Daß die Metalle der Bewegung der Elektronen kein unübersteigliches Hindernis entgegensetzen, ist ja durch ihre Durchdringlichkeit für Kathodenstrahlen bewiesen. Ohne in Einzelheiten einzugehen, können wir hinzufügen, daß diese Auffassung von der Natur des elektrischen Stromes zahlreichen bekannten Tatsachen, wie z. B. der Proportionalität zwischen der Leitfähigkeit verschiedener Stoffe für Wärme und für Elektrizität am besten entspricht, und für so manche Erscheinungen, z. B. für die optischen Eigenschaften der Metalle, eine befriedigende Erklärung gibt. Auch auf diesem Gebiete führt somit die Theorie der Elektronen keineswegs zu Widersprüchen mit den beobachteten Tatsachen; im Gegenteil eignet sie sich dazu, diese in einfacher Weise zusammenzufassen und darzustellen.

Fünftes Kapitel.

Die Radioaktivität.

Die Entdeckung der sogenannten X-Strahlen, die Röntgen zu Beginn des Jahres 1896 der Welt verkündete, wurde der Ausgangspunkt zahlreicher Untersuchungen über die Frage, ob etwa noch andere Strahlen existierten, die imstande wären, auf die photographische Platte einzuwirken und für Licht undurchlässige Stoffe zu durchdringen.

Erscheinungen dieser Art wurden von Lebon beschrieben; wir übergehen dieselben indessen, weil es sich zeigte, daß die betreffenden Wirkungen, die von dem Genannten einer neuen, von ihm als *schwarzes Licht* bezeichneten Strahlungsart zugeschrieben wurden, tatsächlich in den meisten Fällen von Ursachen herrührten, die mit unserem Gegenstande nichts zu tun haben.

In Beziehung mit der Radioaktivität stehen dagegen gewisse Versuche von Henry (17) über das phosphoreszierende Schwefelzink, von Niewenglowski (18) über das Schwefelkalzium und von Becquerel (19) über das Kalium-Uransulfat, aus welchen hervorging, daß diese Stoffe, falls sie durch Licht oder

X-Strahlen zum Phosphoreszieren erregt sind, Strahlen aussenden, die durch undurchsichtige Körper hindurch auf die photographische Platte einwirken.

Becquerel verfolgte mit seinen Versuchen einen bestimmten Zweck. Die Tatsache, daß die X-Strahlen von der Wandung der Entladungsröhre ausgehen, und zwar von der der Kathode gegenüberliegenden Stelle, welche von den Kathodenstrahlen getroffen und durch dieselben leuchtend gemacht wird, legte die Vermutung nahe, Phosphoreszenz und Emission von X-Strahlen seien miteinander verknüpfte Erscheinungen. Diese Vermutung hat sich allerdings in der Folge als irrig erwiesen; Becquerel wollte indessen auf Grund derselben untersuchen, ob Körper, die durch Licht anstatt durch Kathodenstrahlen zum Phosphoreszieren erregt seien, ebenfalls X-Strahlen aussenden. Und da diese Strahlen auf eine photographische Platte einwirken, auch wenn dieselbe von Stoffen umgeben ist, die für Licht undurchlässig sind, so legte der französische Forscher auf eine photographische Platte, die er gegen Licht geschützt hatte, verschiedene Körper und setzte dann das Ganze dem Sonnenlichte aus. Nach einigen ergebnislosen Versuchen erhielt er ein positives Resultat mit den Kristallplättchen von Kalium-Uraniumsulfat; beim Entwickeln der Platte, welche er in der angedeuteten Weise der Einwirkung derselben ausgesetzt hatte, erhielt er nämlich ein Bild der

Kristallplättchen, sowie den Schatten einer Silbermünze, welche er unter eines derselben gelegt hatte. Die vermutete Beziehung schien somit tatsächlich vorhanden. Den gleichen Erfolg erhielt Becquerel aber auch bei schwacher Beleuchtung an einem bewölkten Tage, und so kam ihm die Vermutung, die Erscheinung sei unabhängig von einer Wirkung des Lichtes. Und er fand denn auch bald (20), daß das Uransalz beständig und spontan, ohne daß man es vorher den Lichtstrahlen auszusetzen brauchte, Strahlen aussandte, welche durch undurchsichtige Stoffe hindurch auf photographische Präparate einwirkten.

Weitere Untersuchungen ergaben (21), daß die Strahlen des Uransalzes mit den X-Strahlen nicht allein die Fähigkeit, für Licht undurchlässige Körper zu durchdringen, auf die photographische Platte einzuwirken und phosphoreszierende Stoffe zum Leuchten zu bringen, so wie das negative Kriterium des Fehlens von Reflexion, Brechung und Polarisation gemeinsam haben, sondern daß sie mit denselben noch eine andere Eigenschaft teilen, die an den X-Strahlen kurz nach ihrer Entdeckung beobachtet worden war (22), nämlich die Fähigkeit, von ihnen durchsetzte Gase zu ionisieren. Für die Becquerel-Strahlen ergab sich aus dieser Fähigkeit ein rascheres Mittel des Studiums als die photographische Methode: man mißt die Geschwindigkeit, mit welcher ein elektrisch geladener Körper seine Ladung verliert, wenn das ihn umgebende Gas der Wirkung jener Strahlen ausgesetzt ist.

Der Versuch läßt sich mit einem beliebigen Elektrometer ausführen, welches mit einer Metallplatte verbunden ist, die in einiger Entfernung einer zweiten Metallplatte gegenübersteht. Man kann nun auf zweierlei Weise verfahren. Die zweite Platte kann zur Erde abgeleitet werden, und dann beobachtet man die Geschwindigkeit, mit welcher eine dem Elektrometer mitgeteilte elektrische Ladung abnimmt, wenn die Luft zwischen den beiden Platten durch eine radioaktive Substanz ionisiert wird. Oder man teilt der zweiten Platte eine elektrische Ladung mit und beobachtet die Geschwindigkeit, mit welcher das Elektrometer abgelenkt wird. Bei gewissen sehr stark radioaktiven Stoffen könnte man auch das

Fig. 10.

Galvanometer benutzen; will man dagegen Substanzen von sehr schwacher Radioaktivität untersuchen, so eignet sich besser das Goldblatt-Elektrometer, oder besser noch ein Elektroskop mit einem einzigen Goldblättchen. Dieses Instrument besteht ganz einfach aus einem vertikalen Metallstäbchen AB (Fig. 10), an dessen oberem Ende ein sehr schmaler Streifen CD von Blattgold oder Aluminium befestigt ist. Zur sicheren Isolierung ist das Metallstäbchen am

unteren Ende einer kleinen Schwefelstange S befestigt. Die elektrische Kapazität des Leitersystems
$ABCD$ ist überaus gering und der Ausschlag des
Streifens CD nimmt infolgedessen nicht zu langsam
ab. Die Beobachtung der Lage von CD vermittels
eines Mikroskops mit Skala im Okular macht das
Elektroskop zu einem Elektrometer, wenn man vorher mit Hilfe einer Batterie von kleinen Akkumula-
toren festgestellt hat, welches Potential
jedem Teilstrich der Skala entspricht.

Der Verfasser zieht ein von dem beschriebenen etwas abweichendes Elektrometer vor, welches für das Studium schwach
radioaktiver Stoffe klassisch geworden ist.
Der Isolator S (Fig. 11) aus Schwefel oder
geschmolzenem Quarz ist sehr dünn und
mit Kitt oder Guttapercha am Grunde einer
kleinen Metallglocke befestigt, an welche
sich das Stäbchen AB ansetzt.

Fig. 11.

Diese Befestigungsweise beseitigt oder vermindert
wenigstens die Ausbreitung der Ladung des Stäb-
chens auf die Oberfläche des Isolators. Gleichzeitig
hat der Verfasser auf eine schon vor Jahren von
ihm beschriebene Anordnung zurückgegriffen: an
Stelle der Skala im Okular des Mikroskops benutzt
er eine gewöhnliche Millimeterskala, die in einigen
Metern Entfernung vom Elektrometer befestigt ist.
Eine achromatische Sammellinse entwirft von dieser

Skala in der Ebene, in welcher sich das Metallblättchen bewegt, ein reelles Bild, und man erblickt daher im Gesichtsfeld des Mikroskops gleichzeitig das Blättchen und die Skala.

Bei einem der vom Verfasser unlängst konstruierten Elektrometer hatten das Stäbchen und der Streifen Blattgold kaum ein Viertel der Größe von Fig. 11.

Dasselbe eignet sich besonders zur Demonstration der Radioaktivität; man braucht ihm nur ein Uraniumsalz zu nähern, so gelangen die von demselben ausgesandten Strahlen durch eine mit einem Aluminiumblatt verschlossene Öffnung des Gehäuses, in welchem sich das Elektrometer befindet, zu diesem; die vorher dem Elektrometer mitgeteilte Ladung nimmt ab, und mit ihr mit sichtbarer Schnelligkeit der Ausschlag des Goldblättchens.

Durch zahlreiche Versuche wurde festgestellt, daß sämtliche Verbindungen des Urans *radioaktiv* sind, das heißt Becquerelstrahlen aussenden, und daß die Stärke dieser Eigenschaft in direktem Verhältnis steht zur Menge des in ihnen enthaltenen Urans. Die Radioaktivität ist somit eine atomistische Eigenschaft des Urans, welche sich unverändert erhält, wenn das Atom desselben mit Atomen einer anderen chemischen Spezies in Verbindung tritt.

Wie das Uran, und ungefähr in gleichem Grade wie dieses, ist auch, wie unabhängig voneinander

Schmidt (23) und Frau Curie (24) nachgewiesen
haben, das Thorium radioaktiv.

Ein eingehenderes Studium der Radioaktivität und
die Erforschung der Einzelheiten und der wahr-
scheinlichen unmittelbaren Ursachen dieser inter-
essanten Erscheinung wäre indessen kaum möglich
gewesen, oder hätte zum mindesten lange Zeit und
überaus sorgfältige Untersuchungen beansprucht,
wenn nicht gewisse Stoffe entdeckt worden wären,
deren Radioaktivität hunderte und tausende mal so
stark ist wie diejenige des Uraniums.

Herr und Frau Curie waren bei ihren Untersuchungen auf einige Exemplare von Chalkolit und
Pechblende (namentlich diejenige von Joachimsthal)
gestoßen, deren Radioaktivität diejenige des reinen
Uraniums etwas übertraf. Da die Radioaktivität eine
Fähigkeit des Atoms ist, so konnte die beobachtete
Erscheinung nicht auf den Gehalt an Uranium in
diesen Mineralien zurückgeführt werden; man mußte
vielmehr annehmen, daß in denselben eine noch
unbekannte Substanz von stärkerer Radioaktivität
als das Uranium enthalten sei. Mit Hilfe physikalischer und chemischer Trennungsmethoden wurden
aus den genannten Mineralien gewisse Wismutsalze
hergestellt, deren Radioaktivität das 400-fache derjenigen des Uraniums betrug (25). Die unbekannte,
in diesen Salzen enthaltene Substanz, deren Radioaktivität mit der Zeit langsam sank, erhielt den Namen

Polonium. Später erhielten Herr und Frau Curie zusammen mit Bémont (26) aus der Pechblende eine kleine Menge eines überaus aktiven Stoffes, der in chemischer Beziehung mit dem Barium große Ähnlichkeit zeigte, mit dem er auch bei allen Reaktionen vergesellschaftet blieb; dieser Stoff erhielt den Namen *Radium.* Ein dritter radioaktiver Stoff, der mit dem Thorium zusammen vorkommt und sich chemisch diesem ähnlich verhält, wurde von Debierne (27) entdeckt und mit dem Namen *Aktinium* belegt.

Eine Reihe von Forschern stellten aus verschiedenen Mineralien, namentlich aber aus der Pechblende, noch andere stark radioaktive Substanzen dar, deren Natur indessen nicht sicher ermittelt ist.

So erhielten Elster und Geitel (28) ein stark radioaktives Bleisulfat, welches jedoch anscheinend durch radiumhaltiges Barium verunreinigt war. Auch das von Giesel dargestellte radioaktive Blei (29) ist noch nicht sicher charakterisiert; das von Hofmann und Strauß (30) gefundene ähnelt in gewisser Beziehung dem Polonium. Eine Eigenschaft des von diesen Autoren beschriebenen aktiven Bleis oder *Radiobleis* darf indessen nicht unerwähnt bleiben. Das aktive Blei verliert unter gewissen Bedingungen einen erheblichen Bruchteil seiner Radioaktivität, die dann langsam wieder zum Vorschein kommt; setzt man es aber nach dem Verlust der Radioaktivität dem Stoß der Kathodenstrahlen aus, so erlangt es jene Eigenschaft in wenigen Minuten wieder.

Neuerdings ist es Hofmann und Wolf (31) gelungen, die aktive Substanz zum Teil von dem inaktiven Blei zu trennen; sie fanden, daß dieselbe sich von dem Polonium der Frau Curie durch die Beständigkeit der Radioaktivität unterscheidet.

Auch die von Marckwald (32) *Radiotellur* genannte Substanz ähnelt in ihren Eigenschaften dem Polonium, von dem sie sich nur dadurch unterscheidet, daß ihre Radioaktivität anscheinend mit der Zeit nicht abnimmt. Nach Marckwald hat die Radioaktivität des aus der Joachimsthaler Pechblende abgeschiedenen Wismuts ihre Ursache in einem Gehalt an Radiotellur, und dieses präsentiert sich als ein neues Element, welches der Gruppe des Schwefels und des Tellurs angehört. Aus einer sauren Lösung von aktivem Wismutchlorid läßt sich das neue Element nach Marckwald auf Stäbchen von Wismut oder Antimon niederschlagen; 850 g des genannten Chlorids ergaben ungefähr 6 Dezigramm sehr stark aktive Substanz.

Ein aktives Wismut, welches mit dem von den anderen Forschern beschriebenen große Ähnlichkeit zeigt, wurde von Giesel (33) dargestellt, der dann aus demselben ein mit dem Marckwaldschen identisches Produkt erhielt.

Endlich hat Baskerville (34) auch aus dem Thorium ein angeblich neues radioaktives Element abgeschieden; dasselbe erhielt den Namen *Karolinium*. Wie man sieht, herrscht bezüglich der Natur und sogar bezüglich der Individualität der meisten radioaktiven Substanzen noch eine große Unsicherheit. Sogar die Beobachtungen, aus welchen Frau Curie die Existenz des Poloniums herleitete, werden von manchen Autoren als *induzierte* Radioaktivität erklärt, das heißt, wie später noch erläutert werden wird, als eine Erscheinung von vorübergehendem Charakter; nach anderen Autoren wiederum sind radioaktives Thorium und Aktinium desselben Ursprungs. Die Chemie der radioaktiven Stoffe steht noch in ihren Anfängen; sicher festgestellt als ein von den anderen verschiedenes Element ist bis jetzt nur das Radium. Im freien Zustand wurde dieses Element bis jetzt allerdings noch nicht dargestellt, allein man kennt verschiedene Salze desselben, und es ist durch sein Spektrum genügend charakterisiert. Die geringe Menge radioaktiver Substanz, die Herr und Frau Curie aus mehreren Tonnen der Rückstände erhielten, die von der Verarbeitung der Joachimsthaler Pechblende auf Uran verbleiben, bestand aus Radiumchlorid.

Diese Rückstände enthalten Verbindungen beinahe sämtlicher Metalle; es finden sich darunter Barium, Wismut und die Metalle der seltenen Erden. Durch chemische Trennungsverfahren, deren Beschreibung hier zu weit führen würde, lassen sich aus den Rückständen das Barium zusammen mit dem Radium, das Wismut gemeinsam mit dem Polonium, und die seltenen Erden mit dem Aktinium abscheiden. Es erübrigt dann noch, jeden der radioaktiven Stoffe von dem betreffenden Element zu trennen, mit dem er vergesellschaftet ist, und von dem ihn auch die bis dahin benutzten chemischen Methoden nicht zu scheiden vermochten. Dieser Aufgabe hat Frau Curie eine jahrelange Arbeit gewidmet; sie ist aber, wie schon aus dem vorher Gesagten zu ersehen, bis jetzt nur beim Radium vollkommen gelöst worden. Folgendes Verfahren hat hier zum Ziele geführt.

Von dem radiumhaltigen Bariumchlorid, von welchem eine Tonne Joachimsthaler Rückstände etwa 8 Kilogramm liefert, wird eine warm gesättigte wässerige Lösung hergestellt. Aus dieser scheidet sich beim Erkalten ein Teil des Chlorids in Kristallen ab; dieser Anteil möge mit A bezeichnet werden; der Rest, der durch Verdampfung der Mutterlauge gewonnen wird, heiße B. Da das Radiumchlorid etwas weniger leicht löslich ist, als das Bariumchlorid, so muß das Chlorid A einen etwas größeren, das Chlorid B einen etwas geringeren Prozentsatz an Radium enthalten als das ursprüngliche Salz; und diese Folgerung wird in der Tat durch Untersuchung der Radioaktivität beider Anteile bestätigt.

Die Wiederholung dieses Verfahrens sowohl mit dem Anteil *A*, wie mit dem Anteil *B* ergibt vier Portionen, von denen man jedoch den weniger radiumhaltigen Anteil der Fraktion *A* mit dem stärker radiumhaltigen der Fraktion *B* vereinigt, da beide ungefähr den gleichen Gehalt an Radium haben. Es bleiben also drei Fraktionen von verschiedenem, durch den Grad der Radioaktivität charakterisiertem Radiumgehalt. Mit jeder dieser Fraktionen wird das geschilderte Verfahren fortgesetzt; nur werden schließlich, um die Anzahl der Fraktionen nicht über Gebühr zu steigern, die Anteile mit sehr geringem Gehalt an Radium beiseite gelassen, und auch die an Radium reichsten Fraktionen werden nicht weiter auf die gleiche Weise behandelt. Zweckmäßig ist es auch, die Mutterlaugen von einer Operation zum Lösen der Kristalle bei der nächstfolgenden Operation zu benutzen. Ist auf diese Weise der größte Teil der inaktiven Substanz abgesondert, so wird das Verfahren zwar noch weiter fortgesetzt, doch geht man von jetzt ab bei der Abscheidung der weniger aktiven Portionen minder sparsam zu Werke. Dadurch wird zwar etwas Radium verloren, aber die Reinigung geht rascher von statten; um dieselbe zu beschleunigen, empfiehlt es sich ferner von diesem Punkte an, dem Lösungsmittel steigende Mengen reine Salzsäure zuzusetzen. So erhält man schließlich aus einer Tonne Rückstände zwei bis drei Dezigramm nicht merklich mehr unreines Radiumchlorid. Auch das Radiumbromid wird heute rein gewonnen. Außer der steigenden Radioaktivität könnte auch die spektroskopische Untersuchung dazu dienen, die Reinheit des Produkts zu kontrollieren. Wie Demarçay festgestellt hat, besitzt nämlich das Radium ein Spektrum, durch welches es vollkommen charakterisiert ist; die unreinen Fraktionen zeigen zugleich mit dem Spektrum des Radiums auch dasjenige des Bariums, aber mit fortschreitender Reinigung werden die Linien des letzteren immer schwächer und verschwinden schließlich fast ganz.

Nachdem nun die durch radioaktive Stoffe hervorgebrachten Wirkungen der Hauptsache nach festgestellt waren, wandte sich die Aufmerksamkeit der Physiker dem Studium der Strahlung dieser Stoffe zu.

Die bekannten Strahlungen sind von zweierlei Art, oder man nimmt wenigstens an, daß dieselben zwei Arten von Vorgängen angehören: sie beruhen entweder auf der Ausbreitung von Ätherwellen oder auf dem Fortschreiten elektrisch geladener materieller Teilchen. Zur ersteren Klasse gehören nicht nur die im engeren Sinne sogenannten Lichtstrahlen und die unsichtbaren Wärmestrahlen und ultravioletten Strahlen, sondern wahrscheinlich auch die Röntgenstrahlen. Zur zweiten Gruppe gehören die Kathodenstrahlen, von denen man annimmt, daß sie von der Bewegung negativer Elektronen herrühren.

Es ist nicht schwer, zu entscheiden, ob eine neue Strahlung zur einen oder anderen dieser beiden Klassen gehört. Ein elektrisches oder ein magnetisches Feld kann die Gestalt der Lichtstrahlen, der Röntgenstrahlen usw. in keiner Weise beeinflussen, dagegen muß die Bahn elektrisch geladener Teilchen, wenn sie sich nicht mit außerordentlich großer Geschwindigkeit bewegen, in einem derartigen Felde eine merkliche Krümmung erleiden. Es gibt allerdings anscheinend noch anderweitige neue Strahlen, nämlich die von Blondlot entdeckten und mit dem Namen N-Stahlen (35) belegten, die manches mit den dunklen Wärmestrahlen gemein haben, von diesen aber wiederum durch andere sehr merkwürdige Eigenschaften sich unterscheiden sollen. Mit diesen Strahlen indessen, deren Existenz noch nicht sicher festgestellt ist, können wir uns hier nicht befassen.

Um über die Natur der von den radioaktiven Stoffen ausgesandten Strahlen Kenntnis zu erlangen, ist es nach dem Gesagten notwendig, elektrische oder magnetische Kräfte auf dieselben einwirken zu lassen, das heißt also die radioaktive Substanz zwischen die Pole eines kräftigen Magneten oder zwischen zwei mit entgegengesetzten elektrischen Ladungen versehene Metallplatten zu bringen. Um etwaige Deformationen der Strahlen erkennen zu können, war es notwendig, diese durch die kleine Öffnung eines Schirmes treten zu lassen und jenseits des letzteren eine phosphoreszierende Substanz oder eine zum Schutz gegen das Licht in schwarzes Papier gewickelte photographische Platte den Strahlen auszusetzen. Auf der phosphoreszierenden Substanz wird ein leuchtender Fleck sichtbar, der sich verschiebt, falls die Strahlen durch das elektrische oder magnetische Feld eine Ablenkung erfahren, und ein analoges Ergebnis offenbart sich beim Entwickeln der photographischen Platte. Die letztere wird im allgemeinen vorzuziehen sein, da die Länge der Aufnahmedauer, die man beliebig ausdehnen kann, für einen eventuellen Mangel an Intensität der untersuchten Strahlen Ersatz gewährt.

Mit Hilfe dieses Verfahrens wurde zunächst festgestellt, daß eine radioaktive Substanz im allgemeinen sowohl durch ein elektrisches oder magnetisches Feld ablenkbare Strahlen, wie auch nicht ablenkbare Strahlen aussendet. Ferner wurde konstatiert, daß die ersteren sich in jeder Hinsicht wie Kathodenstrahlen von großer Geschwindigkeit verhalten, das heißt also, wie wenn sie aus negativen Elektronen bestünden, die von der aktiven Substanz mit ungeheurer Geschwindigkeit in gerader Linie ausgeschleudert werden. Wie wir später sehen werden, läßt sich diese Geschwindigkeit messen, und das Verhältnis zwischen der elektrischen Ladung und der Masse hat sehr nahe den gleichen Wert wie er bei den Kathodenstrahlen gefunden wurde.

Weitere Untersuchungen haben sodann gezeigt, daß das Radium und die anderen stark radioaktiven Stoffe noch anderweitige durch elektrische oder magnetische Kräfte ablenkbare Strahlen aussenden, deren Ablenkung indessen viel geringer ist und in entgegengesetztem Sinne erfolgt wie diejenige der Kathodenstrahlen. Man kann also sagen, daß die radioaktiven Stoffe drei Arten von Strahlen aussenden. Wahrscheinlich gilt dies von jedem einzelnen der radioaktiven Stoffe, und wenn die eine oder andere der drei Arten von Strahlen in der Strahlung mancher radioaktiver Stoffe nicht konstatiert werden konnte, so rührt dies vielleicht lediglich davon her, daß diese Strahlenart in dem betreffenden Falle eine zu geringe Intensität besitzt und darum weniger leicht zur Wahrnehmung gelangt.

Ein Beispiel dafür bietet das Polonium der Frau Curie, welches fast ganz oder ausschließlich Strahlen aussendet, die in entgegengesetztem Sinne ablenkbar sind, wie die Kathodenstrahlen.

Die ablenkbaren Strahlen können für nichts anderes gehalten werden, als für eine Emission elektrisch geladener Teilchen. Der Sinn der Ablenkungen gibt das Vorzeichen der Ladungen zu erkennen, und aus dem Betrag der Ablenkungen ergeben sich die Geschwindigkeiten, mit denen sich die Teilchen bewegen, sowie das Verhältnis zwischen elektrischer Ladung und Masse bei den einzelnen Teilchen, und mithin auch, wenn man für die Ladung den einem Wasserstoff-Ion bei der Elektrolyse zugehörigen Wert annimmt, auch die Größe der Masse selbst. Nach Rutherford bezeichnet man die drei Arten von Strahlen, die vom Radium (und vielleicht allgemein von jedem radioaktiven Stoff) ausgesandt werden,

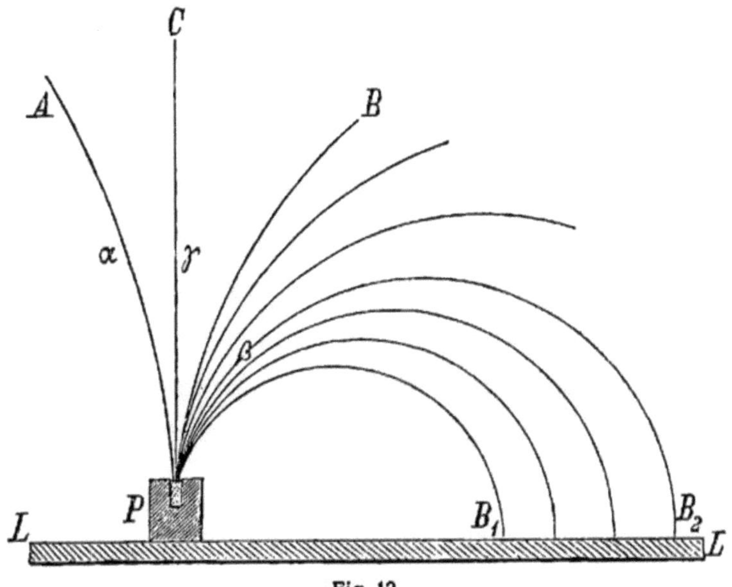

Fig. 12.

als α-, β- und γ-Strahlen. Bezüglich dieser verschiedenen Strahlenarten haben die Untersuchungen im einzelnen folgendes ergeben.

Das Verhalten der α-Strahlen entspricht der Hypothese von Strutt (36), wonach dieselben aus positiven Ionen bestehen, die von den radioaktiven Stoffen nach allen Richtungen ausgeschleudert werden. In der Tat hat Rutherford (37) festgestellt, daß dieselben positive Ladungen mit sich führen, und Becquerel (38) erkannte, daß dieselben in einem Magnetfeld im entgegengesetztem Sinne wie die Kathodenstrahlen abgelenkt werden.

Gehen die Strahlen z. B. von einer geringen Menge eines Radiumsalzes aus, welches sich in einem kleinen Behälter P (Fig. 12) aus Blei befindet, so schreiten sie in gerader Linie in der Richtung PC fort; läßt man aber auf dieselben ein zur Ebene der Zeichnung senkrechtes Magnetfeld einwirken, so trennen sich die α-Strahlen von den anderen und krümmen sich längs eines Kreisbogens PA^*).

Quantitative Bestimmungen ergaben, daß die Geschwindigkeit der Teilchen, aus denen die α-Strahlen bestehen, ungefähr ein Zehntel der Lichtgeschwindigkeit erreichen kann, und daß das Verhältnis zwischen elektrischer Ladung und Masse auf Teilchen von Atomengröße hinweist. Man kann also sagen, daß die α-Strahlen Kanalstrahlen von großer Geschwindigkeit sind.

Wie es scheint, sind es hauptsächlich die α-Strahlen, welche durch ihre Zusammenstöße mit den Molekülen Gase ionisieren. Ist der radioaktive Körper von einem Gas von Atmosphärendruck umgeben, so bleibt die Ionisierung auf ein sehr enges Gebiet beschränkt. In der Tat besitzen die α-Strahlen des

---

*) In der Fig. 12 ist die Ablenkung der α-Strahlen im Vergleich mit derjenigen der β-Strahlen stark übertrieben.

Radiums nur ein geringes Durchdringungsvermögen; eine 10 cm dicke Luftschicht von Atmosphärendruck oder ein Aluminiumblech von weniger als $^1/_{10}$ mm Dicke reicht hin, um den größten Teil derselben zu absorbieren.

Die β-Strahlen verhalten sich in jeder Beziehung wie Kathodenstrahlen von sehr großem Penetrationsvermögen. Sie bestehen also aus negativen Elektronen, die von der radioaktiven Substanz nach allen Richtungen ausgeschleudert werden; ihre Geschwindigkeit ist enorm, dieselbe kann Werte erreichen, die wenig hinter der Lichtgeschwindigkeit zurückstehen.

Dies ergibt sich insbesondere aus der, beinahe gleichzeitig durch Becquerel (39), Giesel (40), Meyer und v. Schweidler (41) und Dorn (42) konstatierten Wirkung, welche ein Magnetfeld auf diese Strahlen ausübt. Dieselben erfahren eine Krümmung, aber nicht wie die α-Strahlen, sondern, wie in Fig. 12 dargestellt, in entgegengesetztem Sinne und in viel stärkerem Maße als diese. Ein Teil der β-Strahlen kann so stark gekrümmt werden, daß sie in $B_1 B_2$ eine photographische Platte LL treffen, auf welcher der Behälter P steht.

Das Auftreten von Strahlen, welche in verschiedenem Betrage durch ein Magnetfeld abgelenkt werden, erklärt sich dadurch, daß die negativen Elektronen, deren Bahnen die β-Strahlen bilden, verschiedene Geschwindigkeiten besitzen. Die geringsten Geschwindigkeiten besitzen diejenigen, welche unter dem Einfluß des Magnetfeldes Halbkreise vom kleinsten Radius zurücklegen, während die mit den größten Geschwindigkeiten begabten Strahlen sich auf Kreisbogen von großem Radius bewegen. Dies erklärt, wieso auf der photographischen Platte ein in die Breite gezogenes Bild entsteht. Mit Hilfe desselben läßt sich leicht nachweisen, daß die am wenigsten abgelenkten Strahlen, welche aus Elektronen mit den größten Geschwindigkeiten bestehen, auch das stärkste Penetrationsvermögen besitzen. In der Tat absorbiert eine in den Weg der β-Strahlen gebrachte Platte am stärksten diejenigen Strahlen, die am nächsten nach B_1 abgelenkt werden. Die Verschiedenheiten zwischen den β-Strahlen sind sehr groß; ein Teil dieser Strahlen wird schon von einem Aluminiumblatt von $\frac{1}{100}$ mm Dicke aufgehalten, während andere mehrere Millimeter Blei zu passieren vermögen.

Daß die β-Strahlen tatsächlich negative Ladungen mit sich führen, wurde von dem Ehepaar Curie (43) direkt nachgewiesen. Der Versuch geschah in der Weise, daß die α-Strahlen durch ein Aluminiumblatt absorbiert wurden, wodurch nur die Wirkung der β-Strahlen auf das Elektrometer übrig blieb.

Im Gegensatz zu den α- und β-Strahlen erfahren die γ-Strahlen durch das elektrische oder mag-

netische Feld keine Ablenkung. Die von der radioaktiven Substanz in P (Fig. 12) ausgesandten γ-Strahlen
behalten daher die geradlinige Richtung PC auch
im Magnetfelde bei.

Gleich den β-Strahlen sind auch die γ-Strahlen
nicht homogen, sondern aus Bestandteilen von verschiedenem Penetrationsvermögen gemischt. Durch
diese Eigenschaft gleichen sie sehr den Röntgenstrahlen, mit denen man sie auch zumeist für identisch
hält. Allerdings schien zwischen beiden Arten von
Strahlen ein wesentlicher Unterschied zu bestehen,
denn die in verschiedenen Gasen durch die γ-Strahlen
erregte Leitfähigkeit wurde mit der durch die
X-Strahlen erzeugten nicht proportional gefunden.
Neueren Versuchen zufolge rührt jedoch diese Verschiedenheit des Verhaltens lediglich davon her,
daß die Gesamtheit der γ-Strahlen nur mit dem
Teil der X-Strahlen zu vergleichen ist, der das
stärkste Penetrationsvermögen besitzt. Vergleicht
man die γ-Strahlen mit solchen Röntgenstrahlen, die
von sogenannten harten Röhren ausgesandt sind
und vor ihrem Eintritt in das zu ionisierende Gas
eine Bleiplatte passiert haben, so nähert sich das
Verhältnis zwischen den durch die beiden Strahlenarten erzeugten Leitfähigkeiten der Einheit.

Werden verschiedene Stoffe von den drei Strahlenarten getroffen oder durchsetzt, so treten je nach
der Natur dieser Stoffe verschiedenartige Wirkungen

auf, die sich besonders bei Anwendung eines Radiumsalzes deutlich kundgeben; zum Teil sind sie bis jetzt überhaupt nur mit diesem Salze beobachtet worden. Es ist nicht möglich, die Strahlen einer Art vollständig von den anderen zu trennen und die von ihnen hervorgerufenen Erscheinungen gesondert zu studieren; es gelingt aber vermittels absorbierender Platten, die weniger durchdringenden Strahlen, zum Beispiel die α-Strahlen oder diese zusammen mit einem Teil der β-Strahlen zurückzuhalten oder auch nur die γ-Strahlen passieren zu lassen; in vielen Fällen genügt dies, um die Wirkungen der einen von denjenigen der anderen unterscheiden zu lassen.

Die von den radioaktiven Stoffen und insbesondere vom Radium hervorgebrachten Wirkungen lassen sich in Lichtwirkungen, chemische, elektrische, mechanische Wirkungen, Wärmewirkungen und physiologische Wirkungen klassifizieren. Zu dem schon früher über diese Wirkungen Gesagten ist noch folgendes hinzuzufügen:

Phosphoreszenz und Fluoreszenz scheinen hauptsächlich Wirkungen der α- und β-Strahlen; einige Körper werden durch die α-Strahlen, andere durch die β-Strahlen zu lebhafterem Leuchten erregt. Die hexagonale Blende z. B. leuchtet besonders stark unter der Einwirkung der α-Strahlen des Radiums.

Ein von Crookes konstruiertes kleines Instrument,

das *Spinthariskop* (44) ist speziell dazu bestimmt, die Wirkung des Radiums auf einen mit phosphoreszierendem Schwefelzink bedeckten Schirm zu zeigen. Ein Körnchen des Radiumsalzes ist in ungefähr $1/_2$ mm Abstand vor dem Schirm befestigt, den man mit einer Linse oder einem Mikroskop beobachtet. Man sieht dann an verschiedenen Stellen des Schirms glänzende Punkte auftauchen und wieder verschwinden; der ganze Schirm scheint zu funkeln. Nach Crookes wäre das Auftauchen jedes glänzenden Punktes durch den Stoß eines positiven Ions verursacht; dagegen hält Becquerel das Funkeln für eine Folge von Brüchen und Spaltungen in den Kristallen, aus denen der phosphoreszierende Schirm besteht, denn ganz ähnliche Wirkungen wurden auch erhalten durch Zerdrücken der Kristalle zwischen zwei Glasplatten (45). Auf alle Fälle würde also die eigenartige Lichterscheinung des Spinthariskops den vermuteten Stößen der α-Strahlen gegen den phosphoreszierenden Körper nur mittelbar zuzuschreiben sein.

Die Radiumsalze leuchten im Dunkeln. Man hat diese Erscheinung als eine Phosphoreszenz durch die von dem Salze selbst ausgesandten Strahlen erklärt; es wäre indessen auch denkbar, daß das Leuchten durch den Stoß der α-Ionen oder der β-Elektronen gegen die Moleküle des umgebenden oder des langsam aus dem Radiumsalz entweichenden

Gases, und nicht etwa gegen die Moleküle des Salzes selbst verursacht wäre; als mögliche Ursache der Lichterscheinung könnte endlich auch die Umwandlung des Radiums in die *Emanation*, von der später die Rede sein wird, in Betracht kommen. Nicht unerwähnt darf bleiben, daß nach Beobachtungen von Herrn und Frau Huggins (46) das Spektrum des von dem Radium ausgesandten Lichtes aus Linien besteht, die mit einigen Linien des Stickstoffes übereinstimmen, und daß dasselbe beinahe oder vollständig identisch ist mit dem Spektrum des negativen elektrischen Glimmlichts, wie es in Luft von Atmosphärendruck erhalten wird.

Neuerdings hat Becquerel (47) auch bei den Uraniumsalzen spontane Lichtentwicklung beobachtet. Um sich davon zu überzeugen, braucht man nur ein Fläschchen, welches Uraniumnitrat enthält, mit ausgeruhtem Auge, z. B. während der Nacht, zu betrachten. Der Verf. hat unter diesen Bedingungen beim Schütteln des Gefäßes mit dem Uraniumsalz ein lebhaftes Funkeln wahrgenommen; will man daher die spontane Lichtentwicklung und nicht die beim Schütteln auftretende, welche vermutlich elektrischen Ursprungs ist, beobachten, so darf man das Gefäß nicht zu stark bewegen.

Phosphoreszierende Substanzen verändern sich unter der Einwirkung der Strahlen des Radiums und nehmen häufig eine andere Farbe an; Glas wird violett oder schwärzlich und ist in diesem Zustand thermolumineszierend, denn auf etwa 500 Grad erwärmt, wird es leuchtend.

Diese Veränderungen sind wahrscheinlich chemischen Ursprungs, wie diejenigen, welche bei Aufnahme von Bildern auf der photographischen Platte entstehen.

Die ungleiche Absorption, welche verschiedene Stoffe auf die Strahlen des Radiums ausüben, ermöglicht es, vermittels der letzteren, *Radiographien* zu erhalten nach Art der bekannten, die vermittels der X-Strahlen hergestellt werden. Die letzteren sind aber ungleich vollkommener.

Von weiteren chemischen Wirkungen der radioaktiven Stoffe und insbesondere des Radiums erwähnen wir die folgenden.

Nach Becquerel schlägt sich aus einer Lösung von Quecksilberchlorid und Oxalsäure ($6^1/_2$ g $HgCl_2$ und $12^1/_2$ g Oxalsäure in 100 g Wasser) unter der Einwirkung der Radiumstrahlen Kalomelan nieder; die Wirkung der letzteren gleicht also in diesem Falle derjenigen des Lichtes.

Unter dem Einfluß der Radiumstrahlen verwandelt sich gewöhnlicher Phosphor in roten, und Sauerstoff in Ozon. Vorgänge chemischer Natur scheinen auch die Farbenänderungen von Glas, Bariumplatincyanür usw. Diese letztere Substanz büßt dabei gleichzeitig ihre Phosphoreszenzfähigkeit teilweise ein, erlangt sie aber im Sonnenlichte wieder. Merkwürdigerweise wird das Silberjodid der Daguerreschen Platten durch die Strahlen des Radiums nicht merklich beeinflust.

Da die α- und β-Strahlen aus einer Emission von positiven Ionen bzw. negativen Elektronen bestehen, so müssen elektrische Ladungen auftreten, wenn man die einen und nicht die anderen aufhält. Die radioaktiven Stoffe werden auf diese Weise zu einer kontinuierlichen Elektrizitätsquelle. Wenn man allen Strahlen freien Lauf ließe, müßte eine radioaktive Substanz eine elektrische Ladung annehmen, falls die von den α-Strahlen mitgeführte positive Elektrizitätsmenge der von den β-Strahlen in der gleichen Zeit transportierten negativen Elektrizitätsmenge nicht genau gleich wäre. Eigens zur Prüfung dieser Frage unternommene Versuche haben indessen gezeigt, daß keine Elektrisierung eintritt, daß zwischen den entgegengesetzten Ladungen Kompensation stattfindet (48). Werden dagegen die α-Strahlen durch eine Hülle, etwa aus nicht zu dünnem Glase, aufgehalten, so nimmt diese eine positive Ladung an. Der Versuch wurde von W. Wien mit einer kleinen Menge Radiumbromid ausgeführt, das in einem mit Aluminiumfolie bekeideten Glasröhrchen vermittels eines dünnen Drahtes, der zugleich zur Verbindung nach außen diente, in einer evakuierten Röhre aufgehängt war. Die Beseitigung der Luft aus der

Umgebung des Röhrchens ist notwendig, damit nicht die Ladung des letzteren durch die infolge der Ionisierung leitend gewordenen Gase fortgeführt wird. In manchen Fällen, z. B. beim Öffnen eines Glasröhrchens, in welches ein Radiumpräparat eingeschmolzen war, wurden sogar Funken beobachtet (49).

Strutt (50) hat einen hübschen Apparat angegeben, welcher die kontinuierliche Elektrizitätserzeugung durch das Radium anschaulich macht.

Innerhalb eines luftdicht verschlossenen und möglichst luftleer gemachten Behälters (Fig. 13) ist ein geschlossenes Röhrchen a, welches eine radioaktive Substanz enthält, durch Vermittlung eines Isolators b aus geschmolzenem Quarz befestigt. Das Röhrchen ist außen mit einer leitenden Schicht bekleidet (etwa durch Bestreichen mit Phosphorsäure)

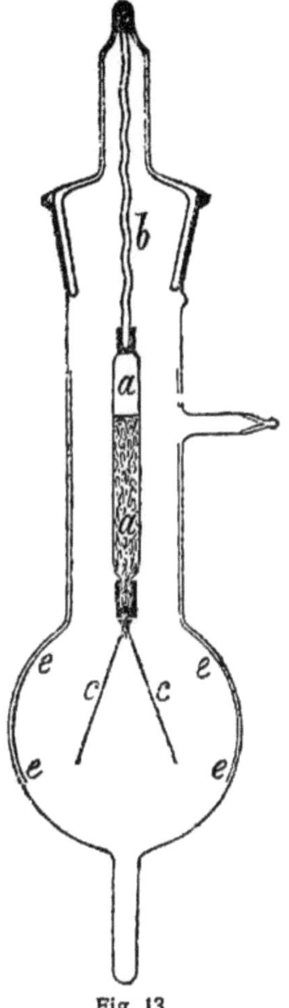

Fig. 13.

und trägt unten zwei Streifen cc aus Blattgold, die ein Elektroskop bilden.

Diese Streifen sieht man nun in beständiger Bewegung. Ihre unteren Enden entfernen sich immer

mehr voneinander, bis sie die auf die Innenwandung
des Behälters geklebten Staniolstreifen *ee* berühren.
Diese sind zum Erdboden abgeleitet, und so fallen
die Blattgoldstreifen nach der Berührung mit denselben alsbald wieder zusammen, um sich dann sofort von neuem voneinander zu entfernen, und das
Spiel wiederholt sich in derselben Weise. Dasselbe
rührt von der positiven Ladung her, welche die von
dem Röhrchen absorbierten α-Strahlen diesem mitteilen, während die negative Ladung der β-Strahlen
von diesen fortgeführt wird.

Eine andere elektrische Wirkung der Radiumstrahlen erhält man nach Curie (51) auf folgende
Weise. Die Entladungen einer Elektrisiermaschine
oder eines Induktionsapparates werden durch zwei
parallel geschaltete Funkenintervalle geführt, und die
Anordnung ist so getroffen, daß die beiden Intervalle einander gleichwertig sind, die Entladungen
also unterschiedslos den einen oder anderen Weg
nehmen. Nähert man nun einem der Intervalle ein
Radiumsalz, so gehen die Entladungsfunken durch
dieses Intervall und nicht mehr durch das andere.
Die Wirkung der Radiumstrahlen ähnelt hier derjenigen der Röntgenstrahlen, welche ebenfalls unter
gewissen Umständen die Entstehung der Funken
begünstigen.

Zu erwähnen ist schließlich noch eine elektrische
Wirkung des Radiums, über die in letzter Zeit be-

richtet wurde: der elektrische Leitungswiderstand einer dünnen Wismutplatte nimmt ab, wenn derselben eine radioaktive Substanz sehr nahe gebracht wird.

Da die α-Strahlen aus positiven Ionen bestehen, so ist die Emission derselben notwendigerweise eine Ausgabe von Materie; und das gleiche läßt sich, wie wir sehen werden, in gewisser Beziehung auch von den β-Strahlen sagen. Es ließ sich darum eine beständige Gewichtsabnahme der radioaktiven Stoffe voraussehen. Heydweiller (52) glaubte dieselbe in der Tat festgestellt zu haben; aber seine Angabe wurde von Dorn (53), obschon dieser schon über eine stärker radioaktive Substanz verfügte, nicht bestätigt. Die Gewichtsabnahme ist also jedenfalls so gering, daß sie mit den gewöhnlichen Methoden nicht zu konstatieren ist.

Die Emission der verschiedenen Strahlenarten ist beim Radium von einer beständigen Wärmeentwicklung begleitet. In der Tat fanden Labord und das Ehepaar Curie (54), daß eine kleine Menge eines Radiumsalzes beständig eine etwas höhere Temperatur als seine Umgebung bewahrte.

Der sehr einfache Versuch wird von Frau Curie folgendermaßen beschrieben: Ein kleiner geschlossener Glasbehälter, der 7 Dezigramm reines Radiumbromid enthält, wird zusammen mit einem Thermometer in eines jener doppelwandigen Glasgefäße gebracht, wie man sie zum Aufbewahren von flüssiger Luft benutzt; der Zwischenraam zwischen den beiden Wandungen ist nämlich evakuiert, wodurch eine sehr gute Wärmeisolierung erreicht wird. Der Hals des Gefäßes ist mit einem Baumwollpfropfen verschlossen. Ein gleicher Behälter, wie derjenige mit dem Radiumsalz, der aber eine inaktive Substanz, z. B. gewöhnliches Chlorbarium, enthält, wird mit einem dem anderen identischen Thermometer in ein ebensolches doppelwandiges Gefäß wie das andere gebracht. Nachdem das Temperaturgleichgewicht sich eingestellt hat, zeigt das erste Thermometer eine um etwa 3° höhere Temperatur als das zweite.

Um die durch das Radiumsalz beständig entwickelte Wärmemenge zu messen, wurde ein kleines Quantum desselben in ein Bunsensches Kalorimeter gebracht. Aus der in einer bestimmten Zeit geschmolzenen Eismenge ergab sich, daß die von der radioaktiven Substanz in einer Stunde entwickelte Wärmemenge hinreichen würde, um eine Eismenge von gleichem Gewicht wie die radioaktive Substanz zu schmelzen, oder eine gleiche Wassermenge um 80° zu erwärmen. Wie man sieht, ist also die vom Radium erzeugte Wärmemenge verhältnismäßig sehr bedeutend.

Eine thermische Wirkung anderer Art wurde von Georgiewski (55) festgestellt. Wie dieser mitteilt, wird die Erkaltungsgeschwindigkeit eines heißen Körpers durch Ionisierung des umgebenden Gases vermittels eines Radiumsalzes nicht verändert, wenn der Körper keine elektrische Ladung besitzt; dagegen wächst die Erkaltungsgeschwindigkeit in Gegenwart des Radiums, wenn der Körper elektrisiert, und namentlich wenn er negativ geladen ist. Die Erscheinung wurde in Luft und in anderen Gasen beobachtet, und sie trat ein, wenn sämtliche Strahlen des Radiums zur Wirkung gelangten, und ebenso, wenn die α-Strahlen zurückgehalten wurden.

Wenn die Strahlen des Radiums und überhaupt der radioaktiven Stoffe auf einen inaktiven Körper fallen, so sendet dieser unter ihrer Einwirkung neue, sogenannte *sekundäre Strahlen* aus. Diese Emission erfolgt gleichzeitig mit der Wirkung der einfallenden Strahlen und unterscheidet sich dadurch von der induzierten Radioaktivität, von der weiterhin die Rede sein wird. Die Eigenschaft, sekundäre Strahlen zu erregen, findet sich auch bei anderen Strahlungen, wie den X-Strahlen und den Kathodenstrahlen; in allen Fällen unterscheiden sich die sekundären Strahlen von den erregenden. So kann man sagen, die X-Strahlen seien durch Kathodenstrahlen erzeugte Sekundärstrahlen, und die Kathodenstrahlen wiederum können durch X-Strahlen hervorgebracht werden (56). Diese letzteren wiederum geben zur Entstehung von Sekundärstrahlen Veranlassung, deren Natur die gleiche ist, wie die ihre, die aber ein ge-

ringeres Penetrationsvermögen besitzen. Lichtstrahlen
und ultraviolette Strahlen können als Sekundärstrahlen
Kathodenstrahlen erzeugen usw. Die Strahlen der
radioaktiven Stoffe rufen ähnliche Wirkungen hervor,
die jedoch noch nicht eingehender untersucht sind.

Die lebende Substanz erleidet durch die radioaktiven Stoffe ungemein starke Einwirkungen, die, wie
Becquerel und das Ehepaar Curie zu ihrem Schaden
zu konstatieren hatten (57), so weit gehen können,
daß tiefe und schwer heilbare Wunden entstehen.
Nach Danysz (58) bewirkt eine in ein Röhrchen eingeschlossene stark radioaktive Substanz, wenn man
das Röhrchen auf die Haut eines Tieres legt, die
vollständige Zerstörung der Oberhaut und der Leder-
haut, während die darunter befindlichen Gewebe nur
eine verhältnismäßig schwache Einwirkung erfahren.
Dagegen ist das Nervensystem gegen die Einwirkung
des Radiums sehr empfindlich; schon in kurzer Zeit
stellen sich Verletzungen ein, die bis zur Lähmung
und zum Tode führen können. Bemerkenswert ist
auch der Einfluß auf Bakterien; nach Aschkinaß und
Caspari (59) wird die Entwicklung gewisser Bakterien-
arten durch Radiumstrahlen aufgehalten. Die Larven
gewisser Insekten gehen zugrunde, und die Samen
mancher Pflanzen verlieren durch eine länger an-
dauernde Einwirkung der Radiumstrahlen ihre Keim-
fähigkeit. Andererseits scheint die Strahlung der
radioaktiven Stoffe, gewissermaßen als Ausgleich für

ihre schädlichen Wirkungen, bei der Heilung einzelner Krankheiten, wie Krebs und Lupus (60), sich von Nutzen zu erweisen.

Die Lichtempfindung, welche sich über das Gesichtsfeld ausbreitet, wenn man dem Auge ein Radiumpräparat nähert, ist keine unmittelbare physiologische Wirkung, sondern erklärt sich durch die Fluoreszenz der verschiedenen Teile des Sehapparats. Sie tritt auch in einem blinden Auge auf, wofern die Netzhaut und der Gesichtsnerv intakt sind.

Nach Bloch (61) sollen endlich die Radiumstrahlen wie das Licht die elektrische Leitfähigkeit des kristallinischen Selens erhöhen.

Die radioaktiven Stoffe, jedenfalls aber Radium und Thorium, geben beständig, abgesehen von den α-, β- und γ-Strahlen einen Teil ihrer Substanz in anderer Form von sich.

Versuche bezüglich der Ionisierung der Luft durch Thoriumverbindungen führten Rutherford zur Entdeckung der radioaktiven *Emanationen*. Schon vorher hatte Owens (62) in der ionisierenden Wirkung der Strahlung des Thoriumoxyds eine eigenartige Unregelmäßigkeit beobachtet; aber erst Rutherford (63) gab dafür die richtige Erklärung, indem er zeigte, daß das Thorium beständig radioaktive Teilchen aussendet, deren ionisierende Wirkung zu derjenigen der α-, β- und γ-Strahlen hinzutritt. Auch das Radium erzeugt eine *Emanation*, und die Teilchen, welche diese Emanationen bilden, unterscheiden sich von denjenigen, aus welchen die α- und β-Strahlen bestehen, insofern die ersteren nach Art der Moleküle eines Gases langsam durch den Raum diffundieren, während die anderen mit enormer Geschwindigkeit hinausgeschleudert werden.

In der Tat mischt sich die Emanation mit dem umgebenden Gas und kann mit diesem von einer Stelle des Raumes zu einer anderen transportiert werden. Daß sie sich wie ein wirkliches Gas verhält, wird auch durch neuere Versuche von Traubenberg (64) bestätigt, wonach sowohl die im Freiburger Trinkwasser (und überhaupt in den Quellwässern, in denen sich im allgemeinen Spuren radioaktiver Substanzen vorfinden) enthaltene Emanation, wie auch die Emanation des Radiums den für die Gase geltenden Gesetzen von Dalton und Henry folgt.

Die Emanation geht leicht selbst durch sehr kleine Öffnungen und enge Spalten hindurch, welche einem gewöhnlichen Gase nur überaus langsam Durchtritt gestatten. Sie ist nur vorübergehend radioaktiv, das heißt ihre Radioaktivität nimmt beständig ab. Die Aktivität der Emanation des Thoriums sinkt schon in einer Minute auf die Hälfte des Anfangswertes; diejenige der Radiumemanation nimmt langsamer ab, nach etwa vier Tagen ist noch die Hälfte des Anfangswertes vorhanden.

Rutherford und Soddy (65) haben gezeigt, daß die Emanation des Radiums sich bei einer Temperatur von etwa 150° unter Null verdichtet. Leitet man nämlich einen Luftstrom über eine Radiumverbindung und dann durch eine von flüssiger Luft umgebene Röhre, so läßt er in dieser die Emanation vollständig zurück; die letztere nimmt wieder Gasform an, wenn man die Temperatur bis auf den genannten Betrag steigen läßt. Es läßt sich leicht verfolgen, was mit der Emanation geschieht, denn dieselbe leuchtet und bringt auch die Glasröhre, in welcher sie sich befindet, zum Leuchten. Die Emanation des Thoriums verdichtet sich bei einer etwas weniger tiefen Temperatur.

Die Emanation besitzt die Eigenschaft, die Körper, mit welchen sie in Berührung kommt, vorübergehend aktiv zu machen. Dieses Auftreten der Radioaktivität bei Körpern, welche dieselbe an und für sich nicht besitzen, wurde anscheinend zum ersten Male von Herrn und Frau Curie (66) beobachtet; sie wird als *induzierte Radioaktivität* bezeichnet. Nach Rutherford kommt dieselbe dadurch zustande, daß die Emanation auf den betreffenden Körpern unmerkliche Mengen einer unsichtbaren Substanz ablagert, die von gewissen Säuren, nicht aber von anderen gelöst wird. Durch Eindampfen der so erhaltenen Lösung gewinnt man einen radioaktiven Rückstand. Außerdem scheint die Emanation als solche an den Körpern, welche sie aktiv macht, zu haften und dieselben gewissermaßen zu durchtränken, denn diese Körper werden selbst zu Quellen von Emanation. Zelluloid, Kautschuk und Paraffin sind imstande, erhebliche Mengen von Emanation zu absorbieren und wieder von sich zu geben. Unabhängig hiervon wurde festgestellt, daß ein durch Induktion radioaktiv gewordener Körper durch Erwärmen seine Radioaktivität zum großen Teil verliert und daß diese von den benachbarten kalten Körpern aufgenommen wird.

Negative Ladung eines Körpers erleichtert das Entstehen der induzierten Radioaktivität auf demselben. Es genügt schon, wie dies Elster und Geitel (67) taten, einen stark mit negativer Elektrizität, oder in gewissen Fällen nach Sella (68) auch einen mit positiver Elektrizität geladenen Körper einige Stunden lang der freien Luft auszusetzen, um ihn radicaktiv zu machen. Die Atmosphäre enthält also eine Emanation nach Art der vom Radium und Thorium ausgesandten.

An und für sich nicht aktive Stoffe lassen sich auch noch auf andere Weise aktiv machen; man löst einen solchen zusammen mit einem aktiven Körper in einer Flüssigkeit und trennt dann beide auf chemischem Wege voneinander. So erhält man aktives Wismut, indem man gewöhnliches Wismut zusammen mit einem Radiumsalz in Lösung bringt.

Der auf solche Weise aktiv gemachte Körper geht im allgemeinen seiner Aktivität nach und nach wieder verlustig; dementsprechend halten manche Autoren das Polonium lediglich für Wismut, welches durch Lösung aktiv geworden ist. So wird auch ein gewöhnliches Bariumsalz aktiv, wenn man es aus der Lösung eines Uransalzes abscheidet, dieses letztere verliert dabei einen Teil seiner Radioaktivität, die aber später langsam wieder zum Vorschein kommt.

Eine ähnliche Erscheinung wie diese wurde von Rutherford beschrieben. Es handelt sich um die chemische Trennung des Thoriums in zwei Anteile, von denen der eine, als Thorium-X bezeichnete, stark radioaktiv ist, aber seine Aktivität mit der Zeit einbüßt, während der andere, nicht aktive Anteil die verlorene Aktivität mit der Zeit zurückerlangt. Wir werden noch Gelegenheit haben, auf diese Erscheinung zurückzukommen.

Die beständige Wärmeentwicklung, sowie auch die Emission der α-Strahlen gehört nicht ausschließlich dem Radium an, sondern zum Teil auch der Emanation, welche sich aus demselben entwickelt. Befreit man ein Radiumsalz durch hinreichend starke Erwärmung soweit als möglich von der Emanation, welche es zu liefern vermag, und sammelt man die letztere für sich in einer durch flüssige Luft gekühlten Röhre, so erkennt man, nachdem der Behälter mit dem Radium und die Röhre mit der Emanation sich mit der Umgebung ins Temperaturgleichgewicht gesetzt haben, daß die in der Zeiteinheit entwickelte Wärmemenge beim Radium sinkt, bei der Emanation dagegen steigt, daß aber die gesamte Wärmeentwicklung beider sich nicht merklich ändert (69). Untersucht man ferner mit Hilfe der Ionisierung eines Gases die Emission von α-Strahlen von seiten des Radiums und der Emanation, so zeigt sich ein ganz ähnliches Verhalten wie bei der Wärmeentwicklung. Dies legt die Vermutung nahe (70), daß die Wärmeentwicklung des Radiums von dem Stoß der positiven Ionen (α-Strahlen) gegen die Moleküle des Gases oder der radioaktiven Substanz selbst herrührt. Die für die α-Strahlen gefundene Geschwindigkeit, welche $^1/_{10}$ der Lichtgeschwindigkeit erreichen kann, entspricht vollkommen dieser Hypothese; der Ursprung der Energie, für welche das Radium eine unerschöpfliche Quelle zu bilden scheint, bleibt damit freilich noch unerklärt.

Wahrscheinlich ist die Radioaktivität eine Eigenschaft, welche sich in verschiedenem Grade bei allen Körpern vorfindet. Neuere Versuche haben in der Tat gezeigt, daß ein geladenes Elektroskop, z. B. das in Fig. 10 abgebildete, seine Ladung je nach dem Material der Wandungen des Behälters, in welchem es sich befindet, verschieden rasch verliert (71), was auf eine Radioaktivität der Wandungen hinweist. Es scheint übrigens, als ob beständig Strahlungen von großem Durchdringungsvermögen, aus der Atmosphäre oder von den umgebenden Körpern stammend, rings um uns vorhanden wären und die Luft in geringem Grade ionisierten, denn die Geschwindigkeit des erwähnten Ladungsverlustes nimmt ab, wenn man den Apparat mit einer dicken Hülle aus Blei umgibt (72). Man könnte sogar vermuten, die schwache Radioaktivität der gewöhnlichen Stoffe beruhe wenigstens teilweise auf einer Emission sekundärer Strahlen unter dem Einflusse jener Strahlungen, deren Existenz wir allenthalben vermuten.

Besonders wichtig ist die Tatsache, daß die aus dem Erdboden angesaugte Luft eine stärkere elektrische Leitfähigkeit besitzt als die gewöhnliche. Man hat ferner bemerkt, daß das Wasser von vielen Brunnen und Quellen, z. B. das Trinkwasser von Cambridge (73), ein radioaktives Gas enthält, welches sich, wenn man durch das Wasser Luft in Blasen hindurchleitet, dieser beimengt und ihr einen geringen Grad von Leitfähigkeit mitteilt. Man wird daher mit Elster und Geitel (74) auf die Vermutung geführt, daß im Erdboden geringe Mengen von radioaktiven Substanzen, vielleicht von Radium, existieren, deren Emanation an die im Erdboden eingeschlossene Luft übergeht und sich in Spuren im Wasser der Quellen löst. Allen (75), welcher die Radioaktivität der Quelle von Kings Bath konstatiert hat, stellt mit Bezug hierauf die beachtenswerte Hypothese auf, die Heilwirkung der Mineralwässer sei vielleicht überhaupt wenigstens zum Teil durch einen Gehalt derselben an einer Emanation oder einem radioaktiven Gase bedingt. Dadurch würde es sich auch erklären, wieso die Mineralwässer, wie es oft behauptet, wenn auch noch niemals einwandfrei nachgewiesen wurde, mit dem Transport an Wirksamkeit verlieren sollen.

Das Vorhandensein radioaktiver Emanationen in den Kohlensäurequellen und in gewissen Thermalquellen, sowie die verhältnismäßig bedeutende Radioaktivität des von den letzteren abgelagerten Schlammes läßt ferner vermuten, daß der Gehalt an Radium oder anderen stark radioaktiven Substanzen in der Erdrinde mit der Tiefe zunimmt (76). Untersuchungen an den Auswurfstoffen von Vulkanen wären darum sehr zweckmäßig.

Frischgefallener Schnee ist radioaktiv; der Verfasser hatte Gelegenheit festzustellen, daß an einem Tage mit Schneefall die Leitfähigkeit der Luft doppelt so groß war wie gewöhnlich.

Die in diesem Kapitel mitgeteilten Beobachtungen bilden in ihrer Gesamtheit ein gewichtiges Material von Tatsachen, die zum guten Teil mit absoluter Sicherheit konstatiert sind, die aber gleichwohl infolge irgend einer neuen Entdeckung plötzlich in einem ganz anderen Lichte erscheinen könnten, als dies heute der Fall ist. Heute eine Theorie der Radioaktivität aufstellen zu wollen, wäre darum verfrüht, wenn die Natur dieser Erscheinung nicht mit solcher Deutlichkeit aus den nachgewiesenen Eigenschaften der verschiedenen Strahlen und der Emanation offenbar würde. Es ist in der Tat zweifellos, daß ein radioaktiver Körper beständig Teile der Materie, aus welcher er besteht, von sich gibt, und daß seine Existenz darum nur von begrenzter Dauer sein kann; und die Elektronentheorie in der erweiterten Gestalt, die wir im letzten Kapitel kennen lernen werden, scheint ausdrücklich dazu bestimmt, indem sie die Atome als Systeme von Elektronen auffaßt, von der angedeuteten Tatsache Rechenschaft zu geben. Eine Theorie der Radioaktivität hat jedoch auch den Ursprung der Energie zu erklären, welche während des Zerfalles der radioaktiven Stoffe verfügbar wird.

Es ist der Gedanke aufgetaucht, diese Energie rühre von einer unbekannten Strahlung her, die sich beständig und allenthalben im Raume ausbreite und den Teilen, aus welchen die Atome gewisser Stoffe zusammengesetzt sind, derartige Geschwindigkeiten erteile, daß dieselben sich voneinander trennen. Gäbe es wirklich eine derartige Srahlung, so müßte dieselbe aller Wahrscheinlichkeit nach von den radioaktiven Stoffen so stark absorbiert werden, daß eine Hülle aus solchen Stoffen die Radioaktivität eines von derselben umgebenen Körpers vermindern würde. Vielleicht ist noch niemand darauf gekommen, einen derartigen Versuch genau in dieser Weise auszuführen; Elster und Geitel aber fanden (77), daß die Radioaktivität eines gegebenen Stoffes nicht abnimmt, wenn man ihn unter die Erde, auf den Grund eines Bergwerks bringt, wo sich eine 800 Meter dicke Schicht der Erdrinde über ihm befindet; und es ist kaum anzunehmen, daß eine solche Schicht die aus dem Weltraum stammenden Strahlungen nicht merklich absorbieren sollte.

Wahrscheinlicher ist darum eine andere Hypothese, nach welcher die Energie der radioaktiven Stoffe einen analogen Ursprung hat, wie die bei chemischen Verbindungen auftretende Wärmeenergie; ein Unterschied besteht nach dieser Auffassung nur insofern, als es im letzteren Falle Atome sind, die im freien Zustande existierten oder aus anderen Verbindungen sich lostrennen, um neue Moleküle zu bilden, während es sich bei den radioaktiven Stoffen um Elektronen handelt, die aus unstabilen Atomen stammen und zu neuen, stabileren Atomen zusammentreten. Gewisse Versuche, die besonders von Rutherford und seinen Mitarbeitern angestellt wurden, machen es überaus wahrscheinlich, daß derartige Veränderungen oder Umwandlungen von

Atomen stattfinden, und führen dazu, die Erscheinungen der Radioaktivität in folgender Weise aufzufassen (78).

Die Atome der radioaktiven Stoffe sind unstabile Systeme von Elektronen. Von Zeit zu Zeit zerfällt das eine oder andere dieser Atome in mehrere Bestandteile, nämlich in freie negative Elektronen und in Gruppen von Elektronen, in welchen die positive Ladung überwiegt, das heißt in positive Ionen. Jene bilden die β-Strahlen, diese die α-Strahlen. Die Emanation besteht wahrscheinlich ebenfalls aus positiven Ionen oder aus Modifikationen derselben. Wird nur ein Teil der zerfallenen Atome in die Umgebung hinausgestrahlt, so bildet der zurückbleibende Anteil einen neuen Körper, der ebenfalls radioaktiv sein kann; ist er es, so unterliegen seine Atome weiterem Zerfalle. Das gleiche läßt sich von den neuen Atomen sagen, welche die Emanation bilden, sowie auch von der Substanz, welche von dieser auf inaktiven Körpern abgelagert wird und dieselben vorübergehend aktiv macht (induzierte Radioaktivität). Die Atom-Umwandlungen erreichen erst dann ein Ende, wenn die Elektronen stabile Atome, das heißt eine nicht radioaktive Substanz gebildet haben.

Betrachten wir z. B. das Uranium. Aus dieser Substanz haben Crookes (79) und Becquerel (80) einen aktiven Anteil abgeschieden, der Rest war nicht aktiv. Der erstere Anteil, den Rutherford

Uranium-X nennt, verliert mit der Zeit seine Radioaktivität, während der andere Anteil langsam Aktivität annimmt, das nichtaktive Uranium verwandelt
sich also nach und nach in Uranium-X, und die
Umwandlung ist von Strahlung begleitet. Gleichzeitig
verwandelt sich das Uranium-X in eine unbekannte
Substanz.

Ähnliches geschieht beim Thorium; nur tritt
hier zu der Umwandlung des inaktiven Thoriums
in Thorium-X, welche von der Aussendung der bekannten Strahlen begleitet ist, noch die Emanation
als Ergebnis einer weiteren Spaltung der Atome,
welche das Thorium-X bilden. Die Emanation ist
ebenfalls radioaktiv, das heißt sie vermag sich in
andere Substanzen zu verwandeln, von welchen
eine sich auf den von ihr getroffenen Körpern ablagert und die Ursache der induzierten Aktivität
derselben ist. Auch beim Thorium ist der schließliche
und stabile Atomzustand unbekannt.

Die aufeinanderfolgenden Umwandlungen der
Atome des Radiums sind denjenigen des Thoriums
analog, nur scheint es kein Radium-X zu geben.
Es findet also Spaltung von Radium-Atomen und
Bildung der Emanation statt, oder vielleicht richtiger
gesagt Bildung von Emanationen, denn zwischen
dem Radium und der kondensierbaren Emanation
existieren anscheinend Zwischenstufen, und der
Übergang der einen in die nächstfolgende ist von

der Emission von Strahlen begleitet. Die Emanation selbst ist ebenfalls radioaktiv und aus ihrer Umwandlung geht die Substanz hervor, welche die induzierte Radioaktivität erzeugt, das heißt also eine Substanz, die vorübergehend radioaktiv und demnach in einer weiteren Umwandlung begriffen ist. Weder vom Radium noch von den anderen radioaktiven Stoffen läßt sich sagen, welches die möglichen aufeinanderfolgenden Stadien sind, durch welche die Umwandlung hindurchführt, bevor ein endgültiger Zustand erreicht wird; aber man kann sagen, daß die nichtradioaktive Endsubstanz im Falle des Radiums heute bekannt ist. Es hat sich in der Tat gezeigt (81), daß die in ein Rohr eingeschlossene Radiumemanation sich mit der Zeit verändert; ihr Spektrum nimmt langsam ein verändertes Aussehen an und zeigt schließlich die charakteristischen Linien des *Heliums*. Dieses Gas, welches erst vor einigen Jahren in der Atmosphäre und in einigen Mineralien aufgefunden wurde, gehört zu denjenigen, deren Linien man, wie es beim Helium auch durch den Namen angedeutet ist, im Spektrum des Sonnenlichtes antrifft. Die Mineralien, in denen man ihm begegnet, sind im allgemeinen auch dieselben, aus welchen das Radium gewonnen wird. Nach dem Gesagten ist dies leicht erklärlich.

Ein unlängst von dem Ehepaar Curie zusammen mit Dewar angestellter Versuch (82) ist geeignet, etwa noch vorhandene Zweifel bezüglich der Umwandlung des Radiums in Helium zu beseitigen. Etwa vier Dezigramm reines und trockenes Radiumbromid blieben drei Monate lang in einem Kölbchen eingeschlossen, welches mit einer Geißlerschen Röhre in Verbindung stand; indem man also zwischen den in das Glas dieser letzteren eingeschmolzenen Elektroden elektrische Entladungen übergehen ließ, konnte man das in der Röhre enthaltene Gas zum Leuchten bringen. Nachdem zunächst die beiden miteinander in Verbindung stehenden Behälter möglichst luftleer gepumpt waren, ergab es sich, daß sich aus der radioaktiven Substanz beständig ein Gas entwickelte, dessen Menge im Monat ungefähr einen Kubikzentimeter (unter Atmosphärendruck gemessen) betrug. Das Spektrum des durch elektrische Entladungen zum Leuchten gebrachten Gases zeigte die Linien des Wasserstoffs und des Quecksilbers, welch letzteres von der zum Evakuieren benutzten Pumpe stammte. Bis jezt war also keine Spur von Helium zu bemerken.

Dasselbe Radiumbromid wurde darauf in eine Röhre aus Quarz gebracht und bis zum Schmelzen erhitzt, während die aus demselben frei werdenden Gase durch ein mit flüssiger Luft gekühltes Rohr hindurchgeleitet wurden. Man erhielt auf diese Weise ungefähr 2,6 ccm eines Gases, welches durch die in ihm enthaltene Emanation leuchtend war. In

eine Geißlersche Röhre übergeführt, zeigt dieses
Gas nur das Spektrum des Stickstoffs, selbst nachdem man gesucht hatte, den letzteren durch Verdichtung mit Hilfe von flüssigem Wasserstoff zu
beseitigen. Nunmehr wurde die Röhre aus Quarz
unter fortwährendem Evakuieren zugeschmolzen.
Als nach weiteren zwanzig Tagen der Inhalt der
Röhre mit Hilfe von Staniolelektroden, die außen
auf derselben angebracht und mit einer Elektrizitätsquelle verbunden wurden, zum Leuchten gebracht
wurde, ergab die spektroskopische Untersuchung
deutlich das vollständige Spektrum des Heliums.

Hiernach läßt es sich kaum mehr bezweifeln,
daß das Helium infolge der radioaktiven Transfor-
mationen des Radiums entstanden ist. Immerhin
bedarf es noch vieler anderer derartiger Nachweise,
bevor die Umwandlung der chemischen Atome als
festgestellte Tatsache gelten darf, bevor wir also
die seit so lange und so tief in uns eingewurzelte
Vorstellung von der absoluten Unveränderlichkeit
der chemischen Atome aufzugeben brauchen.

Sechstes Kapitel

Masse, Geschwindigkeit und elektrische Ladung der Ionen und Elektronen.

Es ist nunmehr der Moment gekommen, um eine Vorstellung von den Methoden zu geben, mit deren Hilfe das Verhältnis zwischen elektrischer Ladung und Masse der Elektronen, sowie die Werte jeder dieser Größen für sich, und die Geschwindigkeiten, mit welchen sich die Teilchen in den verschiedenen Fällen bewegen, gemessen wurden. In der Hauptsache beruhen diese Methoden auf den Wirkungen, welche das elektrische und das magnetische Feld einzeln oder zusammen auf die bewegten geladenen Teilchen ausüben, oder auf der Wärme, welche die Teilchen beim Stoß gegen Hindernisse entwickeln, oder endlich auf der Eigenschaft der Teilchen, bei der Kondensation von Dämpfen als Kerne zu fungieren. Ohne auf die Einzelheiten der Versuche und die bezüglichen Rechnungen einzugehen, wollen wir die genannten Erscheinungen der Reihe nach betrachten.

Beginnen wir mit der Wirkung eines Magnetfeldes auf die Kathodenstrahlen. Wir wollen annehmen, die Röhre, in welcher die Kathodenstrahlen entstehen, befinde sich zwischen den Polen eines Magneten, so daß ein dünnes Bündel der Strahlen, welches senkrecht zur Oberfläche der Kathode von dieser ausgeht, zugleich senkrecht zu den magnetischen Kraftlinien gerichtet sei. Die in Bewegung begriffenen Elektronen, welche die Kathodenstrahlen bilden, werden von ihrer geradlinigen Bewegung abgelenkt, und die Strahlen nehmen die Gestalt von Kreisbögen an. Das Magnetfeld wirkt nämlich auf das bewegte Elektron mit einer elektromagnetischen Kraft von der gleichen Richtung wie die Kraft, welche ein in der Bahn des Elektrons fließender elektrischer Strom erleiden würde. Dieselbe steht demnach senkrecht sowohl zu dieser Bahn, wie zur magnetischen Kraft; sie beeinflußt nicht die Geschwindigkeit des Elektrons, sondern nur die Richtung seiner Bewegung, welch letztere somit gleichförmig bleibt, aber eine kreisförmige Bahn annimmt. Die elektromagnetische Kraft ist dann gleich und entgegengesetzt der Zentrifugalkraft dieser Kreisbewegung. Die Zentrifugalkraft ist nun in einfacher und bekannter Weise durch die Masse und Geschwindigkeit des bewegten Objekts und durch den Krümmungsradius seiner Bahn bedingt; andererseits ist die elektromagnetische Kraft proportional der Ladung und der Geschwindigkeit des Elektrons, denn das Produkt beider Größen stellt die Intensität des mit dem bewegten Elektron gleichwertigen elektrischen Stromes dar. Daraus ergibt sich eine einfache Beziehung zwischen den folgenden Größen: 1. Ladung und Masse des Elektrons, oder genauer gesagt Verhältnis der einen zur anderen; 2. Geschwindigkeit des Elektrons; 3. Stärke des Magnetfeldes; 4. Radius des Kreisbogens, den das Elektron verfolgt*). Die beiden letzteren Größen sind ohne weiteres meßbar, man braucht also nur noch eine der beiden anderen zu bestimmen, um auch die letzte berechnen zu können.

Setzt man voraus, wie dies zunächst tatsächlich angenommen worden war, die Geschwindigkeit des Elektrons in den Kathodenstrahlen sei von der Größenordnung der Molekulargeschwindigkeiten der Gase, so findet man für das Verhältnis zwischen Ladung und Masse einen ähnlichen Betrag wie der von den Ionen der Elektrolyse bekannte. Dies hätte die Annahme nahegelegt, die Masse der Elektronen sei von derselben Größenordnung wie die Masse der materiellen Atome. Glücklicherweise sah man bald ein, daß die Voraussetzung, auf der diese Überlegung beruhte, nicht zutraf, und man suchte zu einer gleichzeitigen Bestimmung der beiden

---

*) Bezeichnet e die Ladung jedes Teilchens, m seine Masse, V seine Geschwindigkeit, H die Intensität des Magnetfelds und ϱ den Krümmungsradius der Bahn des Teilchens, so besteht zwischen diesen Größen die Beziehung

$$V = H\varrho \frac{e}{m}.$$

ersten vorhin aufgezählten Größen zu gelangen, indem man außer der magnetischen Ablenkung der Kathodenstrahlen noch andere Wirkungen oder Betrachtungen zu Hilfe nahm. So kann man z. B. annehmen, die Geschwindigkeit des Elektrons habe diejenige Größe, für welche seine kinetische Energie der elektrischen Arbeit gleich wird, die mit dem Übergang der Ladung des Elektrons vom Potential der Kathode auf dasjenige der Anode verbunden ist. Ein derartiges Verfahren wurde unlängst von Kaufmann (83) und von Simon (84) benutzt.

Dagegen bestimmte J. J. Thomson (85) die Geschwindigkeit der Elektronen aus der negativen Ladung, welche dieselben an einen mit einem Elektrometer verbundenen hohlen Leiter abgeben, in den man sie nach der Ablenkung durch eine Magnetfeld eintreten läßt, sowie aus der von ihnen mitgeführten Energie, deren Betrag sich aus der Erwärmung eines von den Strahlen getroffenen Thermoelements ergibt. Zu der schon erwähnten Beziehung zwischen den vorhin aufgezählten Größen treten somit zwei weitere hinzu*). Eine derselben

---

*) Die beiden Beziehungen lauten

$$Q = Ne; \quad \tfrac{1}{2}mV^2 \cdot N = W.$$

Darin bezeichnet Q die Gesamtmenge der übergeführten Elektrizität, N die Zahl der Elektronen und W die kinetische Energie derselben.

sagt aus, daß die dem Leiter zugeführte elektrische Ladung (die durch direkte Messung bekannt ist) gleich ist dem Produkt aus der Zahl der Elektronen und der konstanten Ladung jedes einzelnen; die andere sagt aus, daß die von den Elektronen mitgeführte und durch den Stoß in Wärme umgewandelte Energie (die durch die Erwärmung des Thermoelements gemessen wird) gleich ist dem Produkt aus der Zahl der Elektronen und der kinetischen Energie jedes einzelnen, und diese letztere wiederum ist gleich dem halben Produkt aus der Masse und dem Quadrat der Geschwindigkeit des Elektrons.

Zu den beiden Unbekannten, mit welchen wir es vorher zu tun hatten, ist auf diese Weise allerdings noch eine dritte hinzugetreten, nämlich die Zahl der während der Dauer des Versuchs bewegten Elektronen; statt über eine Beziehung verfügen wir aber jetzt über drei, woraus sich die Zahl der Elektronen eliminieren und sowohl das Verhältnis zwischen Ladung und Masse, als auch die Geschwindigkeit des einzelnen Elektrons berechnen läßt*).

---

*) Die Elimination von N führt zu den beiden Gleichungen

$$V = \frac{2W}{QH\varrho}; \quad \frac{e}{m} = \frac{2W}{QH^2\varrho^2},$$

aus welchen sich V und $\frac{e}{m}$ berechnen lassen.

Nach diesem Verfahren wurden die ersten zuverlässigen Resultate erhalten. Für das Verhältnis zwischen Ladung und Masse der Elektronen ergaben sich Werte, die mit der Natur des Gases, in welchem die Kathodenstrahlen erzeugt wurden (Luft, Wasserstoff, Kohlensäure), nur sehr wenig variierten. In jedem Falle zeigte der gefundene Wert deutlich, daß die Masse des Elektrons, wenn seine elektrische Ladung gleich derjenigen eines

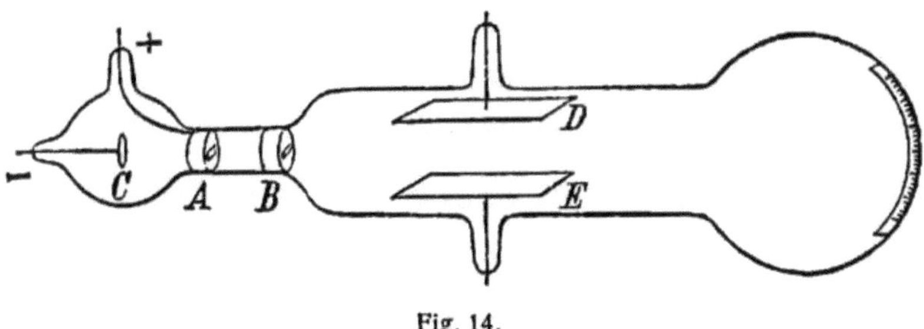

Fig. 14.

elektrischen Ions sein sollte, viel geringer sein mußte als diejenige eines Wasserstoff-Ions. Die Geschwindigkeiten der Elektronen ergaben sich viel größer als die molekularen Geschwindigkeiten der Gase; sie betrugen etwa ein Zehntel der Lichtgeschwindigkeit.

Ein anderes, ebenfalls von J. J. Thomson angegebenes Verfahren zur Bestimmung der Geschwindigkeit der Elektronen in den Kathodenstrahlen (86) beruht auf der Ablenkung dieser letzteren durch ein elektrisches Feld.

Die von der Kathode C (Fig. 14) ausgehenden Strahlen haben nacheinander die horizontalen Spalten

von zwei dicken, mit der Erde verbundenen Metall-
schirmen *A*, *B* zu passieren. Das schmale Strahlen-
bündel, welches hiernach noch übrig bleibt, gelangt
in den Raum zwischen zwei entgegengesetzt geladenen Metallplatten *D*, *E*; hier werden die Strahlen
von ihrer geradlinigen Bahn abgelenkt, weil die
negativen Elektronen, aus welchen sie bestehen,
von der positiv geladenen Platte angezogen, von
der anderen abgestoßen werden. Schon Hertz hatte
diese Ablenkung theoretisch erkannt, aber nicht
experimentell verwirklicht; auch Thomson war der
Versuch zunächst nicht gelungen, weil die Leitfähigkeit, die das verdünnte Gas beim Durchgang
der Kathodenstrahlen annimmt, die Erhaltung einer
genügenden Potentialdifferenz zwischen den beiden
Platten verhindert. Um die gesuchte Wirkung zu
erhalten, muß man die Verdünnung des Gases bis
an die äußerste mögliche Grenze treiben; man sieht
dann, wie sich der leuchtende Fleck, den die Kathodenstrahlen auf der Glaswandung gegenüber der
Kathode erzeugen, bei der Erregung des elektrischen
Feldes verschiebt. Hat z. B. die Platte *E* positive
und *D* negative Ladung, so senkt sich das er-
leuchtete Gebiet und beweist damit, daß die Bahn
der Elektronen sich nach unten gekrümmt hat.

Unter dem Einflusse der elektrischen Kraft (die
man in dem Raume zwischen den Platten, wenn
diese hinreichend groß und einander nahe genug

sind, als konstant annehmen darf) beschreibt jedes Elektron eine Parabel und die Bahn der Kathodenstrahlen nimmt somit dieselbe Gestalt an, wie ein in horizontaler Richtung aus einer Öffnung kommender Wasserstrahl durch die Einwirkung der Schwere.

In diesem letzteren Falle ist die Kraft proportional der Masse des bewegten Körpers, und die Beschleunigung ist von der Masse unabhängig. Dagegen ist die Kraft, welche auf ein Elektron einwirkt, und mithin auch die Beschleunigung, welche sie demselben erteilt, der elektrischen Ladung proportional; und da bei gleicher elektrischer Kraft die Beschleunigung in umgekehrtem Verhältnis zur Masse steht, so kann man sagen, daß die Beschleunigung, von welchem dann die von dem Teilchen beschriebene Parabel in bekannter Weise abhängt, dem Verhältnis zwischen der Ladung und der Masse des Elektrons proportional ist. Wie bei der magnetischen Ablenkung, so gewinnt man demnach auch bei der elektrischen eine Beziehung, in welcher das Verhältnis zwischen Ladung und Masse, sowie die Anfangsgeschwindigkeit des Elektrons vorkommen. Setzt man also die Strahlen der Einwirkung eines elektrischen Feldes und gleichzeitig damit eines magnetischen Feldes aus, dessen Kraftlinien sowohl zu den Strahlen, wie zu den elektrischen Kraftlinien senkrecht gerichtet sein sollen, so gewinnt man die Möglichkeit, sowohl das Verhältnis zwischen Ladung und Masse, wie auch die Geschwindigkeit des Elektrons zu ermitteln. Man kann die Anordnung derart treffen, daß die Wirkungen beider Felder sich gegenseitig aufheben; dann ergeben sich aus dem Betrag der Ablenkung, die eines von ihnen für sich allein hervorbringt, und aus der Intensität eines jeden von ihnen die beiden gesuchten Größen*). Die Geschwindigkeiten, die J. J. Thomson auf diese Weise fand, betrugen beinahe ein Zehntel von derjenigen des Lichtes, und der Wert des Verhältnisses zwischen Ladung und Masse eines Elektrons stimmte mit dem durch die andere Methode gewonnenen überein.

Analoge Messungen, die von H. A. Wilson mit Kathoden aus verschiedenen Metallen vorgenommen wurden (87), führten zu dem Ergebnis, daß das Material der Kathode keinen Einfluß hat.

Mit Hilfe desselben Verfahrens wie Thomson untersuchte Lenard (88) beinahe gleichzeitig mit diesem die nach ihm benannten Strahlen, das heißt Kathodenstrahlen, die man aus der Röhre, in welcher sie durch die Entladungen erzeugt sind, durch eine dünne Aluminiumfolie hindurch hat austreten lassen.

---

*) Bezeichnet ϑ die von dem elektrischen oder dem magnetischen Feld für sich allein bewirkte Ablenkung, l die Länge der Wegstrecke, auf der das Elektron den ablenkenden Kräften ausgesetzt ist, und F die Stärke des elektrischen Feldes, so gelten die Beziehungen

$$V = \frac{H}{F}; \quad \frac{e}{m} = \frac{F\vartheta}{H^2 l}.$$

Derselbe Forscher wandte ferner ein neues Verfahren an (89), indem er auf die Elektronen ein elektrisches Feld parallel zu ihrer Bewegungsrichtung einwirken ließ. Zu diesem Zwecke ließ er die von der Kathode C (Fig. 15) ausgehenden Strahlen durch eine mit einer dünnen Aluminiumfolie verschlossene Öffnung A des Entladungsrohres hindurch aus diesem heraus und in den Apparat V

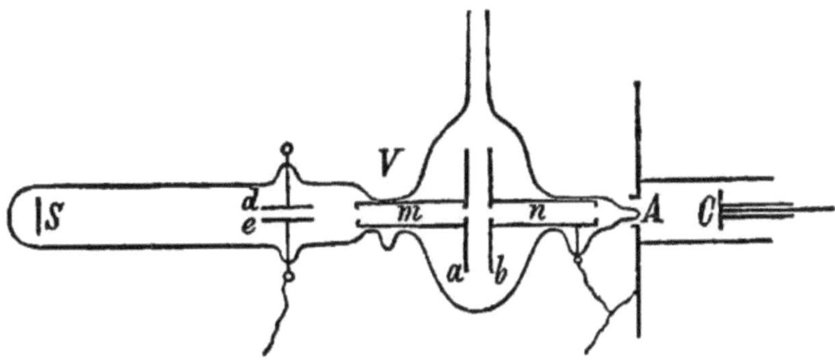

Fig. 15.

eintreten, der ein Gas im Zustand höchster Verdünnung enthielt. In diesem Apparat befindet sich ein Kondensator aus zwei parallelen Metallplatten a, b, die in der Mitte je eine kleine Öffnung haben; durch diese hindurch gelangen die Strahlen zu dem phosphoreszierenden Schirm S. Zwei Metallröhren m, n schützen die Strahlen gegen elektrische Einwirkungen von seiten der Platte a, die isoliert und geladen werden kann, und der Platte b, die stets mit dem Erdboden in Verbindung bleibt. Nur auf dem Wege zwischen a und b sind somit die Elektronen einer elektrischen Kraft ausgesetzt, die ihre Bewegung beschleunigt oder verlangsamt, je nachdem die Platte *a* positive oder negative Ladung erhält. In ihrem weiteren Verlauf werden die Lenard-Strahlen dann wie bei dem vorigen Verfahren durch ein transversales magnetisches oder elektrisches Feld, welch letzteres zwischen den Platten *d* und *e* erzeugt wird, abgelenkt, und die Ablenkung wird gemessen.

Wie vorauszusehen war, fällt bei gleicher Stärke des elektrischen Feldes zwischen *d* und *e* die Ablenkung je nach dem Vorzeichen der Ladung von *a* verschieden groß aus, denn von dem letzteren hängt ja die Geschwindigkeit ab, mit der die Elektronen in das Feld eintreten, in welchem sie abgelenkt werden. Mißt man diese Ablenkung und die Stärke beider Felder, so läßt sich daraus das öfter erwähnte Verhältnis berechnen; wir werden weiterhin den Zahlenwert mitteilen, den Lenard auf diese Weise gefunden hat.

Schließlich möge noch erwähnt werden, daß Wiechert (90) vermittels eines geistreichen, aber freilich etwas komplizierten Verfahrens die Geschwindigkeit der Kathodenstrahlen direkt und mit Genauigkeit gemessen hat. Im Verein mit der magnetischen Ablenkung konnte er daraus das Verhältnis zwischen Ladung und Masse des Elektrons berechnen.

Man hat sich übrigens nicht darauf beschränkt, lediglich an den Elektronen der Kathodenstrahlen die Messungen auszuführen, welche zur Bestimmung ihrer charakteristischen Konstanten dienen; entsprechende Messungen wurden auch an den negativen Elektronen vorgenommen, welche von Metallen unter Einwirkung ultravioletter Strahlen, oder von glühenden Körpern oder von radioaktiven Stoffen ausgesandt werden.

J. J. Thomson (91) benutzte ein Verfahren, welches ihm gestattete, auf die von einem belichteten Metalle ausgesandten Elektronen ein Magnetfeld einwirken zu lassen. Mit beinahe der gleichen Versuchsanordnung hatte der Verfasser (92) als erster bereits vorher festgestellt, daß ein Magnetfeld den Transport negativer Elektrizität von einem mit ultraviolettem Lichte bestrahlten Körper auf die Umgebung herabsetzt; Thomson erklärte diese Tatsache auf Grund der neuen Theorie und verwertete dieselbe in folgender Weise.

Innerhalb eines Behälters, aus dem die Luft bis auf einen sehr kleinen Rest entfernt ist, befindet sich ein Drahtnetz CD (Fig. 16), welches mit einem Elektrometer in Verbindung steht, und parallel zu demselben eine an einer Metallstange L befestigte und mit negativer Elektrizität geladene kleine Zinkscheibe AB, die dem Netz mehr oder weniger genähert werden kann. Der Verschluß des Behälters

gegenüber dem Drahtnetz ist durch eine Quarzplatte
EF gebildet, damit die brechbarsten ultravioletten
Strahlen, die von einer Folge von Entladungen
zwischen Zinkelektroden ausgehen, nicht absorbiert

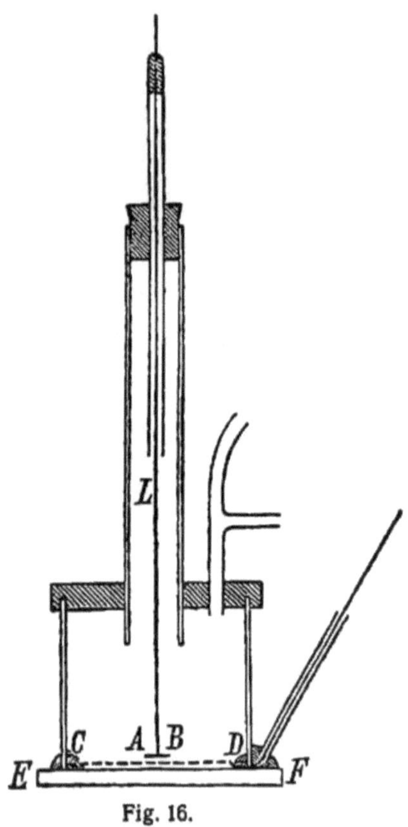

Fig. 16.

werden, bevor sie zu der
geladenen Scheibe ge-
langen. Man stellt zu-
nächst fest, daß das
Elektrometer durch die
Strahlen auch dann noch
entladen wird, wenn die
Scheibe ziemlich weit
von dem Netz entfernt
ist. Erregt man dann
ein Magnetfeld, dessen
Kraftlinien der Scheibe
und dem Drahtnetz pa-
rallel verlaufen, so zeigt
es sich, daß der Über-
gang negativer Elektri-
zität von *AB* auf *CD*
beinahe vollständig auf-

hört, sobald der Abstand zwischen beiden einen
gewissen Betrag überschreitet.

Die Erscheinung erklärt sich folgendermaßen:

Solange kein Magnetfeld vorhanden ist, bewegen sich die negativen Elektronen, welche durch
die Strahlen von der Zinkscheibe *AB* (Fig. 17) aus-

getrieben werden, von AB aus direkt gegen CD; wirkt aber ein Magnetfeld mit den Kraftlinien senkrecht zur Ebene der Abbildung, so beschreibt jedes Elektron eine krumme Bahn, welche, wie sich nachweisen läßt, die Gestalt einer Zykloide hat, und kehrt somit, nachdem es bis in eine gewisse Entfernung von der Scheibe gelangt ist, zu dieser zurück, ohne das weiter entfernte Netz erreicht zu

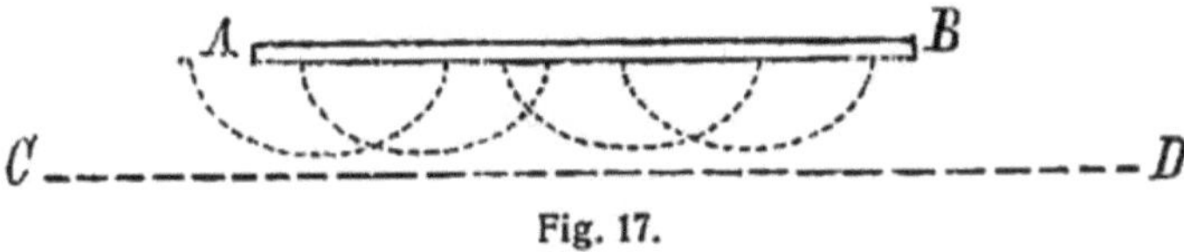

Fig. 17.

haben*). In der Abbildung 17 sind die von den Elektronen zurückgelegten Bahnen durch punktierte Linien angedeutet.

---

*) Unter Bezugnahme auf ein Koordinatensystem, dessen x-Achse zur Scheibe und dem Netz senkrecht, dessen y-Achse zur x-Achse und den Kraftlinien des Magnetfelds senkrecht ist, ergeben sich die Bewegungsgleichungen

$$m \frac{d^2 x}{dt^2} = Fe - He \frac{dy}{dt}, \quad m \frac{d^2 y}{dt^2} = He \frac{dx}{dt}.$$

Nimmt man die Anfangswerte von x, y, $\frac{dx}{dt}$ und $\frac{dy}{dt} = 0$, so erhält man als Lösung der vorstehenden Gleichungen

$$x = a\,(1 - \cos bt), \quad y = a\,(bt - \sin bt),$$

worin der Einfachheit halber

$$\frac{Fm}{H^2 e} = a, \quad H \frac{e}{m} = b$$

gesetzt ist. a ist der Radius des erzeugenden Kreises der Zykloide; die größte Entfernung von der Zinkscheibe, bis zu welcher ein Elektron gelangen kann, beträgt somit $\frac{2Fm}{H^2 e}$.

Die größte von dem Elektron erreichte Entfernung steht in einer bekannten Beziehung zur Intensität des elektrischen Feldes zwischen Scheibe und Drahtnetz, zur Intensität des Magnetfeldes und zum Verhältnis zwischen Ladung und Masse des Elektrons. Mißt man somit die beiden ersten dieser Größen, und ermittelt man außerdem durch Verschiebung der Zinkscheibe den Grenzabstand zwischen Netz und Scheibe, jenseits dessen das erstere keine merkliche Ladung mehr empfängt, so sind alle Daten zur Bestimmung des besagten Verhältnisses gegeben. Die Genauigkeit der Bestimmung ist durch zwei Umstände begrenzt; erstens verlassen nicht alle Elektronen die Scheibe mit der gleichen Geschwindigkeit, und die maximale Entfernung, bis zu welcher dieselben gelangen können, ist daher nicht für alle Elektronen die gleiche; zweitens werden außer den Elektronen auf der Oberfläche der Scheibe noch andere in dem Gas erregt, und zwar in einer kleineren Entfernung von dem Netz.

Ein ähnliches Verfahren wurde, und zwar ebenfalls von Thomson (93), auf die von einem glühenden Metalle ausgehenden Elektronen angewendet.

Lenard (94) wiederum bestimmte das erwähnte Verhältnis mit Hilfe der Einwirkung ultravioletter Strahlen auf Metalle im Vakuum; Becquerel (95) und andere endlich vollführten die gleichen Messungen an den von den radioaktiven Stoffen ausgesandten Elektronen. Auf die Einzelheiten dieser letzteren Messungen, sowie anderer, welche zu analogen Ergebnissen führten, können wir hier nicht eingehen; wir beschänken uns darauf, in der nachfolgenden Tabelle (s. f. S.) die hauptsächlichen für das Verhältnis zwischen Ladung uud Masse eincs Elektrons gefundenen Werte vergleichsweise zusammenzustellen.

Berücksichtigt man die große Mannigfaltigkeit der Erscheinungen, bei welchen die negativen Elektronen eine Rolle spielen, und die Verschiedenartigkeit der zur Bestimmung des Verhältnisses zwischen Ladung und Masse in den einzelnen Fällen benutzten Verfahren, so erscheint die Übereinstimmung zwischen den erhaltenen Resultaten recht bemerkenswert. Betreffs der Größenordnung dieses Verhältnisses kann kein Zweifel mehr bestehen; dasselbe ist 663 bis 1937 mal größer als das entsprechende für das Wasserstoffion bei der Elektrolyse geltende Verhältnis, welches $= 0{,}289.10^{15}$ gefunden wurde, und noch in weit höherem Maße übertrifft es das analoge Verhältuis für die elektrolytischen Ionen anderer Stoffe. Die Teilchen, aus welchen die Kathodenstrahlen und die β-Strahlen der radioaktiven Stoffe bestehen, können somit keine Atome sein, sondern man hat es mit viel kleineren Massenteilchen zu tun. *So ist auf unzweifelhafte Weise und durch rein physikalische Methoden die*

Quelle der Elektronen	Beobachter	Jahres-zahl	Benutztes Verfahren	Verhältnis zwischen Ladung und Masse
Kathoden-strahlen	J. J. Thomson	1897	Elektrische u. magnetische Ablenkung	231.10^{15} *)
„	„	„	Magnetische Ablenkung, übergeführte Ladung und entwickelte Wärmemenge	351. „
„	Kaufmann	1897 bis 1898	Magnetische Ablenkung und Potentialdifferenz	558. „
Lenard-strahlen	Lenard	1898	Elektrische u. magnetische Ablenkung	191,7. „
„	„	„	Ablenkung und elektrisches Feld	204. „
Kathoden-strahlen	Simon	1899	Magnetische Ablenkung und Potentialdifferenz	559,5. „
„	Wiechert	„	Magnetische Ablenkung und Geschwindigkeit	{303. „ {465. „
Ultra-violette Strahlen	J. J. Thomson	„	Verminderung der Entladung durch Wirkung des Magnetfeldes	228. „
Glühendes Metall	„	„	„ „ „	261. „
Ultra-violette Strahlen	Lenard	1900	Magnetische Ablenkung und elektrisches Feld	345. „
β-Strahlen des Radiums	Becquerel	„	Elektrische u. magnetische Ablenkung	ca. 300 „

*) 231.10^{15} bezeichnet eine Zahl mit 15 Nullen rechts von 231, das heißt also 231 000 000 000 000 000. Die für die Ladung benutzte Einheit ist die elektrostatische, d. i. diejenige Elektrizitätsmenge, welche eine gleiche in 1 cm Entfernung von ihr befindliche Elektrizitätsmenge mit der Krafteinheit 1 Dyne abstößt.

Existenz von Massenteilchen nachgewiesen, die bei weitem kleiner sind als das kleinste unter den Atomen der bekannten Stoffe.

Die Verschiedenheit der von den einzelnen Beobachtern gefundenen Werte des Verhältnisses zwischen Ladung und Masse der Elektronen rührt nicht etwa nur von Ungenauigkeit der Messungen her; sehr genaue Bestimmungen von Kaufmann (96) haben vielmehr gezeigt, daß das besagte Verhältnis mit der Geschwindigkeit der Elektronen variiert und zwar rasch abnimmt, wenn diese Geschwindigkeit sich derjenigen des Lichtes nähert. Der Genannte ließ auf die von einem Radiumsalz ausgehenden β-Strahlen ein magnetisches und ein elektrisches Feld einwirken, welche die gleiche, zu derjenigen der Strahlen senkrechte Richtung hatten. Die Strahlen wurden durch die Wirkung der magnetischen Kraft nach der zu jener senkrechten Richtung abgelenkt; die Versuchsanordnung ähnelt also der bekannten mit den zwei gekreuzten Prismen, welche die Lichtstrahlen nacheinander nach zwei zu einander senkrechten Richtungen ablenken. Wie bei diesem Versuche jeder durch das erste Prisma aus dem weißen Lichte abgesonderte farbige Strahl durch das zweite Prisma eine neue Ablenkung erfährt, die für jeden Strahl gesondert meßbar ist, so konnten bei den Versuchen von Kaufmann die Ablenkungen der verschiedenen Arten von β-Strahlen, die sich voneinander hinsichtlich der Geschwindigkeit ihrer Elektronen unterscheiden, gesondert bestimmt werden.

Mit Hilfe eines derartigen Verfahrens erhielt Kaufmann für das Verhältnis zwischen Ladung und Masse der Elektronen gewisse Werte, die von den durch andere Beobachter gefundenen nur wenig verschieden waren, solange es sich um Elektronen mit verhältnismäßig kleinen Geschwindigkeiten oder mit andern Worten um β-Strahlen von geringem Durchdringungsvermögen handelte. Dagegen fanden sich für die β-Strahlen von sehr großem Durchdringungsvermögen kleinere Werte des obigen Verhältnisses; für Elektronen, deren Geschwindigkeit ungefähr neun Zehntel von derjenigen des Lichtes betrug, sank das Verhältnis auf etwa die Hälfte des gewöhnlichen Betrages.

Da nun alles darauf hinweist, daß die elektrische Ladung bei allen Elektronen gleich groß ist, so zwingen die mitgeteilten Resultate zu dem Schlusse, die Masse eines Elektrons sei nicht unveränderlich, sondern wachse rasch mit der Geschwindigkeit desselben, sobald diese sich der Lichtgeschwindigkeit nähert. Diese Schlußfolgerung ist von großer Bedeutung, denn sie steht in Übereinstimmung mit der Annahme, die Masse der Elektronen sei überhaupt nicht im gewöhnlichen Sinne des Wortes materieller Art, sondern sie sei nur eine scheinbare und durch den Charakter der Elektronen als bewegte elektrische Ladungen bedingt. Auf diesen Punkt werden wir im letzten Kapitel zurückkommen.

Ähnliche Messungen wie die an den negativen Elektronen ausgeführten, wurden von Wien (97) und Thomson (98) auch an den positiven Ionen vorgenommen, welche die Kanalstrahlen bilden. Der Erstgenannte fand für dieselben eine Geschwindigkeit von 3600 km; für das Verhältnis zwischen Ladung und Masse fand Wien den Betrag von $0{,}009.10^{15}$, Thomson $0{,}012.10^{15}$. Es ist sonach zweifellos, daß die positiven Teilchen, welche die Kanalstrahlen bilden, keine Elektronen sind, sondern aus elektrisch geladenen Atomen oder vielleicht sogar größeren Atomgruppen bestehen.

Die vorstehende Schlußfolgerung bezüglich der Kleinheit der Masse der Elektronen gründet sich allerdings auf die Hypothese, die elektrische Ladung der Ionen in den Gasen sei gleich derjenigen, welche bei der Elektrolyse mit einem Ion (oder genauer gesagt mit jeder Valenz eines Ions) verbunden ist. Das ist aber heute keine Hypothese mehr, sondern kann als erwiesene Tatsache gelten. Das Studium der Ausbreitung der Ionen in den Gasen (99) hat nämlich zu dem wichtigen Ergebnis geführt, daß die elektrische Ladung eines Ions in diesem Falle von derjenigen eines elektrolytischen Ions nicht merklich verschieden ist. Noch bevor aber diese Tatsache festgestellt war, hatte Thom-

son (100) vermittels eines ungemein geistreichen
Verfahrens die Ladung jedes Ions in einem Gase
direkt gemessen. Wir wollen versuchen, von diesem
Verfahren dem Leser eine Vorstellung zu geben.

Wird mit Wasserdampf gesättigte Luft plötzlich
ausgedehnt, so verflüssigt sich infolge der mit der
Ausdehnung verbundenen Abkühlung ein Teil des
in der Luft enthaltenen Dampfes zu Nebel, und
jedes Tröpfchen des letzteren enthält im allgemeinen
als Kern eines von jenen Staubteilchen, die sich
gewöhnlich in der Luft vorfinden. Es scheint in
der Tat, daß die Verdichtung des Wasserdampfes
das Vorhandensein sehr kleiner Körperteilchen er-
fordert, und daß dieselbe auf der Oberfläche dieser
Teilchen, deren Krümmungsradius jedenfalls außerordentlich gering ist, ihren Anfang nimmt; zum
mindesten wird die Verflüssigung des Dampfes durch
die Gegenwart solcher Teilchen erleichtert und be-
scheunigt. Befreit man nämlich die Luft sorgfältig
von Staubteilchen, so erfolgt die Nebelbildung erst
bei einer etwas stärkeren Expansion der feuchten
Luft als bei Anwesenheit von Staub.

Nun hat C. T. R. Wilson (101) gezeigt, daß ein
Gas, in welchem sich Ionen vorfinden, sich ebenso
verhält, wie wenn es mit Staubteilchen beladen wäre,
insofern auch die Ionen Zentren oder Ansatzkerne
für die Verflüssigung des Dampfes abgeben. Ein
Expansionsgrad, der bei vollständigem Fehlen von

Ansatzkernen nicht hinreichte, um in feuchter Luft die Nebelbildung zu bewirken, kann dazu imstande sein, wenn die Luft, z. B. durch die Einwirkung von Röntgenstrahlen, ionisiert ist.

Es läßt sich auch leicht nachweisen, daß das veränderte Verhalten des Gases in der Tat von dem Vorhandensein der Ionen herrührt; beseitigt man nämlich die letzteren, indem man durch das Gas einen elektrischen Strom hindurchleitet, so wird die Nebelbildung wiederum verzögert oder verlangt einen stärkeren Expansionsgrad.

Der von Thomson benutzte Apparat ist ziemlich kompliziert; den wesentlichsten Teil desselben bildet aber ein mit feuchter Luft gefüllter Behälter mit zwei in geeigneter Weise übereinander angebrachten horizontalen Leitern. Der obere von diesen, der zugleich als Verschluß des Behälters dienen kann, besteht zumeist aus einer dünnen Aluminiumplatte und ist mit der Erde in leitender Verbindung; von dem unteren, der durch das Wasser gegeben sein kann, welches sich in dem Behälter befindet, um die Luft in demselben feucht zu erhalten, führt ein Draht zu einem Elektrometer. Im geeigneten Moment ist die Luft zu ionisieren; man erreicht dies, indem man durch die Aluminiumscheibe hindurch Röntgenstrahlen oder die Strahlung eines radioaktiven Körpers in den Behälter treten läßt. Oder man kann in den Behälter auch dadurch Ionen einführen, daß man dem unteren Leiter eine negative Ladung erteilt und auf dessen Oberfläche ultraviolette Strahlen fallen läßt. An Stelle der Aluminiumscheibe tritt in diesem Falle ein Drahtnetz, der Behälter wird durch eine Quarzplatte verschlossen, und als unterer Leiter dient eine Platte von Metall, z. B. von Zink.

Ein erster Teil des Versuchs dient der Messung der Elektrizitätsmenge, welche in der Zeiteinheit von einem Leiter auf den anderen übergeht, oder mit anderen Worten der Stärke des Stromes, welcher die ionisierte Luft durchsetzt. Man findet diese Stromstärke, indem man den Potentialverlust in der Zeiteinheit, wie er sich aus der Abnahme der Ablenkung des Elektrometers ergibt, mit der Kapazität des aus dem unteren Leiter und dem Elektrometer bestehenden Systems multipliziert. Nun rührt aber der Strom von der Bewegung der Ionen unter der Einwirkung des zwischen den beiden Leitern bestehenden elektrischen Feldes her, und man kann somit, wenn die Stärke des elektrischen Feldes, die Zahl der Ionen in der Volumeinheit, die Ladung jedes Ions und die Geschwindigkeit, mit welcher sich die Ionen von einem Leiter zum andern bewegen, als bekannt vorausgesetzt wird, auf Grund dieser Daten die Stromstärke berechnen. Setzt man die auf beiden Wegen gefundenen Werte einander gleich, so erhält man eine Beziehung, welche neben den durch direkte Messung gewonnenen Daten die

Zahl der Ionen, ihre Ladung und Geschwindigkeit umfaßt.*) Nun ist aber die Geschwindigkeit der Ionen in einem elektrischen Feld von gegebener Stärke aus anderweitigen Messungen bekannt; um die Ladung eines Ions zu finden, braucht man also nur noch die Zahl der Ionen in der Volumeinheit zu ermitteln.

Diesem Zwecke dient der zweite Teil des Versuchs. Durch entsprechende Expansion der Luft wird Nebelbildung hervorgerufen; zählt man nun auf geeignete Weise die Zahl der Nebeltröpfchen, so ist der beabsichtigte Zweck erreicht. Wird nämlich, wie man annimmt, jedes der Ionen zum Kern eines Tröpfchens, so ist die Zahl der einen

---

*) Bedeutet E die Stärke des elektrischen Feldes zwischen den beiden Leitern, N die Zahl der Ionen im ccm, V die Geschwindigkeit der Ionen in einem Felde von der Stärke $= 1$, e die Ladung jedes Ions und A die Oberfläche der parallelen Leiter, so bezeichnet der Ausdruck

$$NVEeA$$

die Intensität des von einem Leiter zu dem andern übergehenden Stromes. Bedeutet andererseits C die Kapazität des isolierten Leiters und P den Potentialverlust desselben in der Zeiteinheit, so ist die im Text erwähnte Beziehung

$$NVEeA = CP.$$

Mißt man E, A, C und P und nimmt man für V den von Rutherford durch besondere Versuche ermittelten Betrag (480 cm im Falle der durch Röntgenstrahlen in der Luft erzeugten Ionen) als richtig an, so bleiben nur N und e unbekannt. Von diesen beiden Größen läßt sich N nach dem weiter im Text zu beschreibenden Verfahren messen.

gleich derjenigen der anderen. Die Zahl der Tröpfchen ergibt sich aus dem Verhältnis der Gesamtmasse derselben zur Masse eines einzelnen. Die
Gesamtmasse aber läßt sich aus der während der
Expansion von der Luft erreichten Minimaltemperatur
und der Temperatur der Luft nach der Bildung des
Nebels berechnen.*) Die Masse eines einzelnen
Tröpfchens dagegen ergibt sich aus seinem Durchmesser, und diesen wiederum erhält man aus der
Geschwindigkeit, mit der die Tröpfchen fallen, oder
mit der sich die stets ziemlich scharf sichtbare
obere Grenze der entstandenen Wolke herabsenkt.

Daß zwischen der Größe einer Kugel und ihrer
Fallgeschwindigkeit eine Beziehung bestehen muß,
ist leicht verständlich. Im leeren Raum fallen ja
alle Körper gleich schnell, nicht aber in der Luft,
deren Widerstand ihre Bewegung mehr oder minder
verlangsamt. Bei einer Kugel ist letzteres in umso
stärkerem Maße der Fall, je kleiner ihr Durchmesser,
denn das Gewicht der Kugel ist proportional dem
Volumen und mithin der dritten Potenz des Durchmessers der Kugel, wogegen der Widerstand, dem
sie in der Luft begegnet, der Oberfläche oder dem

---

*) Bedeuten t und t' die beiden Temperaturen, C die
spezifische Wärme der Luft bei konstantem Volumen, L die
latente Verdampfungswärme des Wassers, M die Masse der
Luft pro Volumeneinheit und q die Masse des in 1 ccm Luft
verdichteten Wasserdampfs, so besteht die Gleichung

$$Lq = CM(t' - t).$$

Quadrate des Durchmessers proportional ist; mit Abnahme des letzteren sinkt daher das Gewicht viel rascher als der Luftwiderstand. Aus diesem Grunde fallen bekanntlich kleine Bruchstücke von Körpern, wie feiner Staub und winzige Tröpfchen, nur so langsam, daß sie oft unbeweglich scheinen.

Zur Bestimmung des Durchmessers der Wassertröpfchen dient eine Formel*), welche denselben mit der Fallgeschwindigkeit und der Zähigkeit des Mediums, in dem die Bewegung stattfindet, in Beziehung bringt. Mit Hilfe des Durchmessers berechnet sich dann ohne weiteres in der angegebenen Weise die Zahl der Ionen und die Ladung eines jeden.

Das Schlußergebnis, zu welchem Thomson auf Grund einer Reihe von Versuchen mit Luft, die durch Röntgenstrahlen ionisiert war, gelangte, lautet dahin, daß die Ladung jedes Ions $6,5 \cdot 10^{-10}$ oder 0,000 000 000 65 elektrostatische Einheiten beträgt. Aus anderen Versuchen, denen die Einwirkung der ultravioletten Strahlen auf Zink zugrunde lag, erhielt er den von dem vorigen sehr wenig verschiedenen Betrag von $6,8 \cdot 10^{-10}$ elektrostatischen Einheiten.

---

*) Bezeichnet V die Fallgeschwindigkeit eines Tröpfchens, r seinen Radius, μ den Zähigkeitskoeffizienten der Luft und g die Fallbeschleunigung, so besteht die Gleichung

$$9\,\mu V = 2\,g r^2.$$

Für die Luft ist $\mu = 0,00018$.

Später erkannte jedoch Thomson (102) selbst, daß diese Zahlen einer Korrektion bedurften. Es wurde festgestellt, daß der Wasserdampf sich auf den negativen Ionen schon bei einem geringeren Expansionsgrade verdichtet als auf den positiven, und daß von den letzteren bei den beschriebenen Versuchen wahrscheinlich wenige zur Mitwirkung gelangten. Heute weiß man, daß bei einer plötzlichen Volumvergrößerung feuchter Luft im Verhältnis von 1 auf 1,25 nur die negativen und nicht die positiven Ionen als Ansatzkerne für die Bildung von Wassertropfen wirken, und daß erst bei einer Expansion im Verhältnis von 1 zu 1,31 auch die positiven Ionen an dem Vorgang teilzunehmen beginnen.

Neue Versuche, bei welchen dieser Umstand berücksichtigt wurde, ergaben für die Ladung eines Ions den genaueren Betrag von $3{,}4 \cdot 10^{-10}$ elektrostatischen Einheiten.

Weitere Versuche über denselben Gegenstand wurden von H. A. Wilson (103) angestellt. Sein Verfahren, welches von dem beschriebenen etwas abweicht, hat den Vorzug, daß es die Bestimmung der Zahl der Ionen in der von den Röntgenstrahlen durchsetzten Luft entbehrlich macht.

Auch Wilson bewirkt durch plötzliche Expansion feuchter Luft die Verdichtung des Wasserdampfes zu Tröpfchen, von denen jedes ein Ion als Kern enthält; aber der Nebel wird zwischen zwei parallelen

Metallplatten erzeugt, und wenn diese entgegengesetzt geladen sind, so wird die Geschwindigkeit, mit welcher die Tröpfchen fallen, im Vergleich mit derjenigen, die sie außerhalb eines elektrischen Feldes erlangen, je nach der Richtung der elektrischen Kraft gesteigert oder verringert. Die Messung dieser Fallgeschwindigkeiten liefert das erforderliche Material zur Berechnung der Ladung jedes Tröpfchens.*)

Ohne auf weitere Einzelheiten bezüglich dieser geistvoll erdachten Versuche einzugehen, bemerken wir, daß dieselben eine bereits von Thomson beobachtete Tatsache bestätigen. Wie dieser nämlich gefunden hatte, können, wenn die Intensität der zur Ionisierung der Luft benutzten Röntgenstrahlen eine sehr große ist, mehrere Ionen zusammen anstatt eines einzigen den Kern eines Tröpfchens bilden. Die

---

*) Bezeichnen v_1 und v_2 die Fallgeschwindigkeiten der Tröpfchen, wenn kein elektrisches Feld vorhanden ist, bzw. wenn dasselbe den Fall beschleunigt, ferner X die Stärke des elektrischen Feldes, e die Ladung eines Ions, m die Masse eines Tröpfchens und g die Fallbeschleunigung, so besteht offenbar die Beziehung

$$mgv_2 = (mg + Xe)\, v_1 \, ;$$

aus der Gleichung

$$9\,\mu V = 2\,g r^2$$

der vorigen Anmerkung ergibt sich nun

$$m = 3{,}14 \cdot 10^{-9} \cdot v_1^{\frac{3}{2}} \, ,$$

und man gelangt daher durch Elimination von m zu der Formel

$$e = 3{,}14 \cdot 10^{-9} \cdot \frac{g}{X} (v_2 - v_1)\, \sqrt{v_1} \, ,$$

welche e aus X, v_1 und v_2 zu berechnen gestattet.

Ladung des Tropfens beträgt dann das Doppelte, Dreifache etc. derjenigen, welche demselben anhaftet, wenn nur ein einziges Ion den Kern bildet. Die Versuche Wilsons beweisen nun, daß solches in der Tat eintreten kann, denn der Nebel teilt sich unmittelbar nach seiner Entstehung in mehrere horizontal übereinander gelagerte Schichten, die mit verschiedenen Geschwindigkeiten herabsinken. Offenbar besteht eine dieser Schichten aus Tröpfchen, deren Kerne nur durch je ein Ion gebildet sind, in einer anderen Schicht hat jedes Tröpfchen als Kern zwei Ionen, usf.

Man versteht ohne weiteres, wie unter Berücksichtigung dieses Umstandes die Messung der Fallgeschwindigkeit irgend einer dieser Schichten zur Berechnung der gesuchten Größe benutzt werden kann.

Als Resultat seiner Versuche gibt Wilson die Ladung eines Ions zu $3{,}1 \cdot 10^{-10}$ elektrostatischen Einheiten an, eine Zahl, die von der von Thomson gefundenen nur sehr wenig abweicht und fast genau mit derjenigen übereinstimmt, welche die Berechnung für die Ladung des Wasserstoffions bei der Elektrolyse ergibt, wenn man für die Masse desselben den von der kinetischen Gastheorie gelieferten Betrag zugrunde legt.

Die von der Theorie geforderten zahlenmäßigen Übereinstimmungen werden also, wie man sieht, durch die Beobachtung innerhalb der Genauigkeitsgrenzen bestätigt, die man bei derartigen Untersuchungen erwarten darf.

Siebentes Kapitel.

Die Elektronen und die Konstitution der Materie.

Die Leichtigkeit, mit welcher die Elektronentheorie sich dazu eignet, den Mechanismus der physikalischen Vorgänge gleichsam in einem Modell vor Augen zu führen, muß dieser Theorie einen unzweifelhaften Nutzen auch dann verleihen, wenn man in derselben nichts weiter erblickt als ein Hilfsmittel der Forschung. In Wirklichkeit steht diese Theorie heute erst in den Anfängen ihrer Entwicklung, und es wäre verfrüht, dieselbe schon jetzt als sichere Grundlage eines neuen Systems der Naturphilosophie hinstellen zu wollen. Immerhin aber gewinnt sie auch in dieser Beziehung beständig an Bedeutung, und es wird daher zweckmäßig sein, in diesem letzten Abschnitt eine gedrängte Darstellung der Hypothese zu geben, nach welcher die Elektronen sozusagen die Bausteine der Materie bilden.

Wie in diesen Worten schon angedeutet ist, schreibt diese neue Auffassung von der Konstitution der Materie den Elektronen eine Rolle von grundlegender Bedeutung zu; freilich müssen dieselben, wenn man mit ihrer Hilfe von den bekannten Erscheinungen Rechenschaft geben will, mit gewissen wesentlichen Eigenschaften ausgestattet sein. So nimmt man z. B. an, daß es zwei verschiedene Arten von Elektronen gibt, negative und positive, von denen die einen gewissermaßen den Gegensatz der anderen repräsentieren; ferner wird angenommen, daß die ersteren, nicht aber die letzteren im freien Zustand existieren können, und daß die Lostrennung eines negativen Elektrons von gewissen Atomen, wie denjenigen der Metalle, leichter, das heißt mit einem geringeren Aufwand an Energie erfolgt als von anderen. Die fundamentale Eigenschaft, welche man den Elektronen zuschreibt, liegt indessen in ihrer Natur als elektrische Ladungen begründet, die in der durch die Hertzschen oder Maxwellschen Formeln ausgedrückten Weise aufeinander einwirken. Daraus ergibt sich, daß die neue Theorie keineswegs den Anspruch erhebt, von der letzten Ursache der elektrischen Erscheinungen Rechenschaft zu geben; diese bleibt vielmehr immer noch in Dunkel gehüllt. Nur ging früher das Streben dahin, auf Grund der Existenz des Weltäthers und der ponderablen Materie, die durch die Trägheit als wichtigstes Attribut charakterisiert ist, sämtliche Erscheinungen auf mechanische Vorgänge zurückzuführen, während man heute vom Äther und den Elektronen ausgeht und mit ihrer Hilfe gewissermaßen die ponderable Materie aufbaut und die von dieser letzteren dargebotenen Erscheinungen zu erklären sucht. Man kann somit sagen, die Elektronentheorie sei nicht so sehr eine Theorie der Elektrizität, als vielmehr der Materie; das neue System setzt geradezu die Elektrizität an Stelle der Materie, deren innere Natur ja auch nach den älteren Vorstellungen nicht viel besser bekannt war, als es heute mit den Elektronen der Fall ist.

Um die Tragweite der neuen Hypothese und die Fundamentaleigenschaften der Elektronen besser hervortreten zu lassen, ist es zweckmäßig, synthetisch die Erscheinungen zu betrachten, welche von elektrisch geladenen Körpern im Zustande der Ruhe oder der Bewegung hervorgebracht werden. Wir wollen deshalb mit Lodge (104) annehmen, zwei Körper von verschiedener Natur seien miteinander in Berührung gebracht und wieder voneinander entfernt worden. Dieselben bieten dann sofort die Gesamtheit jener Eigenschaften dar, welche die beiden entgegengesetzten elektrischen Zustände bilden; insbesondere ziehen sie einander an und erzeugen in ihrer Umgebung ein elektrisches Feld. Wird einer der beiden Körper, etwa der im positiven elektrischen Zustand befindliche, unbegrenzt weit von dem andern entfernt, so bleibt für die Betrachtung nur der negative Körper übrig. Nehmen wir diesen als sehr klein an, so wird sein elektrisches Feld durch gerade Kraftlinien dargestellt, die von allen Seiten her zu dem Körper führen. Der umgebende Äther ist dann deformiert (wenn wir dieses Wort

im weitesten Sinne fassen), das heißt, er befindet
sich in einem Zwangszustande, der sich längs den
Kraftlinien in Spannungen, der Ursache der scheinbaren Fernkräfte, und in seitlichen Druckkräften
kundgibt. Welches die Ursache dieses besonderen
Zustandes des Äthers ist, und wieso derselbe sich,
je nachdem der Körper eine positive oder negative
Ladung hat, in zweifacher Weise kundgeben kann,
ist völlig unbekannt, und ebensowenig kennt man
die Natur und den eigentlichen Bau jenes Etwas,
das sich allenthalben vorfindet und mit dem Namen
Äther bezeichnet wird.

Wir wollen nun annehmen, der kleine mit negativer Elektrizität geladene Körper sei in gleichförmiger
Bewegung begriffen, oder mit anderen Worten der
soeben charakterisierte besondere Zustand erleide
im Äther eine Ortsveränderung. Die Maxwellsche
Theorie und die Beobachtung ergeben überein-
stimmend, daß dieses Fortschreiten der Ätherde-
formation von Ort zu Ort ein Magnetfeld erzeugt.
Dieses wiederum kann als Folge einer Deformation
angesehen werden, die von der elektrischen verschieden, ihr aber doch analog ist, insoferne auch
in dem Magnetfeld Spannungen längs der Kraftlinien und Druckkräfte transversal dazu bestehen.
Ist die angenommene Bewegung eine geradlinige,
so sind die magnetischen Kraftlinien Kreise, deren
Mittelpunkte auf der Bahn der Bewegung liegen

und deren Ebenen zu derselben senkrecht stehen. Eine Reihe elektrisch geladener Körper, die mit gleichförmiger Bewegung aufeinanderfolgen, besitzt nun die Eigenschaften eines elektrischen Stromes. Ein konstanter Strom kann daher als eine Strömung von Elektronen betrachtet werden, die in gleichen Abständen mit gleichförmiger Bewegung auf einanderfolgen, ein veränderlicher Strom als eine Folge von Elektronen in ungleichen Abständen oder in ungleichförmiger Bewegung.

Ist nun die Bewegung des kleinen geladenen Körpers eine ungleichförmige, so ist das von ihm erzeugte Magnetfeld veränderlich, und es treten Induktionserscheinungen auf, sowie Lichterscheinungen, falls die Bewegung periodischen Charakter hat. Jede Änderung der Geschwindigkeit des geladenen Körpers ist von einer Änderung des Magnetfeldes begleitet, diese wiederum hat eine Änderung des elektrischen Feldes zur Folge und diese Änderungen übertragen sich mit der Geschwindigkeit des Lichtes von Ort zu Ort.

Nehmen wir nun an, in einem bestimmten Augenblick wolle man die Geschwindigkeit des geladenen Körpers, dessen Bewegung bis dahin eine gleichförmige gewesen sein soll, plötzlich steigern. Gemäß den Beziehungen, die in einem elektromagnetischen Feld zwischen der elektrischen und der magnetischen Kraft bestehen, läßt sich die Bewegung des Körpers nicht ohne Aufwand von Energie beschleunigen. In der Tat hat jede Steigerung der Geschwindigkeit eine Änderung des Magnetfeldes zur Folge, und diese wiederum erzeugt eine elektrische Kraft, die der Beschleunigung der Bewegung entgegenwirkt. Einer Abnahme der Geschwindigkeit widersetzt sich ebenso eine elektrische Kraft, welche die Geschwindigkeit des geladenen Körpers zu erhalten strebt. In jedem Falle ist also der elektromagnetische Vorgang ein derartiger, daß er gewissermaßen eine Trägheit vortäuscht, und der geladene Körper verhält sich lediglich infolge seiner Bewegung, wie wenn er eine größere Masse hätte als dies tatsächlich der Fall ist.

Das von dem kleinen elektrisch geladenen Körper Gesagte gilt natürlich auch für ein Elektron, und die Masse dieses letzteren, die, wie wir bereits sahen, mindestens tausendmal kleiner ist als diejenige eines Wasserstoffatoms, ist wenigstens zum Teil nur scheinbar und nicht wirklich vorhanden.

Diese Art scheinbarer Trägheit, wie sie ein elektrisch geladener Körper oder ein Elektron besitzt, bietet die gleiche Erscheinung dar wie diejenige, die man bei den elektrischen Strömen als Selbstinduktion bezeichnet. Wir brauchen uns nur statt eines einzigen bewegten Elektrons eine große Zahl von solchen vorzustellen, die in gleichen kleinen Abständen längs derselben Bahn auf einander folgen, so bilden dieselben einen elektrischen Strom. Jede Zunahme oder Abnahme der Geschwindigkeit der Elektronen vergrößert oder verringert die Zahl derselben, die in der Zeiteinheit eine Stelle der Bahn passieren, und entspricht somit einer Steigerung oder Verringerung der Stromstärke. Was wir mit Bezug auf die Wirkung einer Geschwindigkeitsänderung bei einem einzelnen geladenen Körper oder einem einzelnen Elektron gesagt haben, gilt nun in der Hauptsache auch für eine beliebige Zahl von Elektronen; jede Geschwindigkeitsänderung erzeugt somit auch hier eine elektrische Kraft, welche derselben entgegenwirkt. Jede Änderung der Stromstärke ruft somit eine elektromotorische Kraft wach, welche sich dieser Änderung zu widersetzen strebt, oder welche einen neuen Strom erzeugt, dessen Richtung eine derartige ist, daß dadurch jene Änderung verringert wird. Man erkennt ohne weiteres, daß dieser Strom nichts anderes ist als der Extrastrom, und die elektromotorische Kraft ist diejenige der Selbstinduktion.

Zusammenfassend können wir sagen, daß die Elektronen die sogenannten elektrostatischen Erscheinungen erzeugen, wenn sie sich im Zustande der Ruhe befinden, daß sie magnetostatische Erscheinungen und die Erscheinungen der konstanten Ströme veranlassen, wenn sie in gleichförmiger Strömung aufeinanderfolgen, und daß sie elektromagnetische oder optische Erscheinungen hervorbringen, wenn ihre Bewegung eine ungleichförmige ist oder periodischen Charakter hat.

Eine plötzliche Änderung der Geschwindigkeit eines Elektrons, wie sie z. B. durch einen Stoß veranlaßt sein kann, ruft im Äther eine elektromagnetische Welle wach, welche den Explosionswellen in der Luft analog ist. Die Röntgenstrahlen, deren Fortpflanzungsgeschwindigkeit gleich derjenigen des Lichtes gefunden wurde (105), sind Äußerungen derartiger Wellen.

Wir sind nunmehr im Stande, zu begreifen, worin die moderne Hypothese, nach welcher die Materie aus Elektronen aufgebaut ist, eigentlich besteht. Vor allem ist die Annahme gestattet, daß die Elektronen keine Materie im gewöhnlichen Sinne des Wortes sind, das heißt, daß sie keine Masse besitzen außer derjenigen, welche ihnen infolge ihrer Bewegung und ihrer elektrischen Ladung scheinbar anhaftet. Die im vorigen Kapitel angeführten Versuche von Kaufmann machen diese Annahme sehr wahrscheinlich. Derselbe fand in der Tat, daß das Verhältnis zwischen der Ladung der bewegten Elektronen und ihrer Masse rasch abnimmt, wenn ihre Geschwindigkeit derjenigen des Lichtes sehr nahe kommt. Da nun die Annahme einer Änderung der elektrischen Ladung allzu unwahrscheinlich wäre, so bleibt nur die andere Annahme möglich, daß die Masse rapide zunimmt. Eine derartige Folgerung steht im Einklang mit der Hypothese, daß die Masse der Elektronen vollständig elektromagnetischen Ursprungs ist.

Betrachtet man also die Elektronen lediglich als elektrische Ladungen ohne Materie, oder mit anderen Worten als eine Änderung im Äther, die jeweils rings um einen Punkt symmetrisch angeordnet ist, so ergibt sich daraus für dieselben auf Grund der Gesetze des elektromagnetischen Feldes das scheinbare Bestehen der Trägheit, das heißt der Fundamentaleigenschaft der Materie. Der Annahme, daß diese letztere, und mit ihr die Gesamtheit der bekannten Körper, aus Aggregaten oder Systemen von Elektronen aufgebaut ist, steht somit nichts im Wege.

Ein materielles Atom ist hiernach lediglich ein System von einer gewissen Anzahl positiver und der gleichen Anzahl negativer Elektronen, wobei die letzteren sämtlich oder nur zum Teil nach Art von Trabanten den Rest des Systems umkreisen. Die Molekular- und Atomkräfte sind nach dieser Auffassung weiter nichts als Äußerungen der elektromagnetischen Kräfte der Elektronen, und sogar die allgemeine Anziehung ließe sich, wie dies in der Tat schon versucht worden ist, auf Grund dieser Anschauungen erklären.

Denkt man sich, daß von einem Atom ein negatives Elektron oder mehrere solche weggenommen werden, so wird dasselbe zu einem positiven Ion, dagegen ergibt der Hinzutritt von einem oder mehreren negativen Elektronen zu einem neutralen Atom ein negatives Ion.

Das Verhalten der verschiedenen Körper gegenüber den Kathodenstrahlen, das heißt den freien bewegten Elektronen, liefert ein gewichtiges Argument zugunsten der dargelegten Auffassung. Man hat nämlich gefunden, daß ein Körper die Kathodenstrahlen um so stärker absorbiert, oder mit anderen Worten die Elektronen um so wirksamer aufhält, je größer seine Dichte oder die Gesamtzahl der Elektronen ist, aus welchen er besteht, ganz unabhängig davon, wie diese Elektronen zu den verschiedenartigen chemischen Atomen miteinander verbunden sind.

Die Elektronen sind sonach die Bausteine für die Architektur der Atome. Das Dogma, daß die chemischen Atome unveränderlich seien oder daß eine chemische Substanz niemals in eine andere verwandelt werden könne, fällt mit der Annahme der obigen Hypothese, da ja nach dieser sämtliche Atome aus Elektronen bestehen. Wie wir bereits sahen, treten uns in den Vorgängen der Radioaktivität anscheinend derartige Umwandlungen entgegen.

Nimmt man ferner an, daß sämtliche Körper in gewissem, wenn auch sehr geringem Grade radioaktiv sind, das heißt Ionen und Elektronen aussenden, so gelangt man bezüglich der Struktur der Materie zu einer Auffassung, welche derjenigen sehr ähnlich ist, die schon vor mehr als einem halben Jahrhundert ein italienischer Physiker und Denker von hervorragender Originalität, Ambrogio Fusinieri (106), einer allgemeinen Erklärung der physikalischen Erscheinungen zugrunde legte. Die Ideen des genannten Forschers mochten schon damals gewichtigen Einwänden begegnen, und haben im Lichte der inzwischen entdeckten Tatsachen gewiß viel von ihrer Bedeutung verloren. Wenn aber heute von den Emanationen die Rede ist, welche von den radioaktiven Stoffen ausgesandt werden, oder wenn uns gesagt wird, daß die Elektronen, wie in einer Art langsamen und unsichtbaren Verdampfungsprozesses, wahrscheinlich ununterbrochen jeden materiellen Körper verlassen, so wird man unwillkürlich an jenes Etwas erinnert, das, wie schon Fusinieri annahm, von allen Körpern ausgeht und von ihm als *abgeschwächte Materie (materia attenuata)* bezeichnet wurde.

Bibliographie.

(1) W. Weber, Gesammelte Werke. Bd. 4, S. 279.

(2) A. Righi, Mem. della R. Acc. di Bologna, (5) **8**, 263, 1900.

(3) A. Righi, Rendic. della R. Acc. di Bologna, 18. Febr. 1894.

(4) Nähere Auskunft über die hier nur kurz berührten Fragen findet der Leser in folgenden Werken:

 J. Stark, Die Elektrizität in Gasen. (Leipzig, Barth 1902).

 O. Lodge, Journ. of the Inst. of Elect. Eng. Bd. 32, 1903.

 J. J. Thomson, Conduction of Electricity through Gases. University Press, Cambridge 1903.

(5) Aus einem Vortrag von W. Crookes vor dem Chemikerkongreß zu Berlin, Juni 1903.

(6) J. J. Thomson, Phil. Mag. **38**, 358, 1894.

(7) Q. Majorana, Nuov. Cim. (4) **6**, 336, 1897.

(8) J. Perrin, Comptes Rend. **121**, 1130, 1895.

(9) P. Lenard, Wied. Ann. **64**, 279, 1898.

(10) P. Lenard, Drudes Ann. 2, 359, 1900.

(11) J. J. Thomson and E. Rutherford, Phil. Mag. **42**, 392, 1896.

(12) A. Righi, Mem. della R. Acc. di Bologna, (5), **6**, 252, 1896.

(13) A. Righi, Atti del R. Ist. Veneto, (6), **7**, 1889.

(14) A. Righi, Rendic. della R. Acc. dei Lincei, 4. März 1888.

(15) P. Lenard, Drudes Ann. **1**, 486, 1900.

(16) A. Righi, Il moto dei ioni. Bologna, Zanichelli 1903.

(17) Ch. Henry, Comptes Rend. **122**, 312, 1896.

(18) G. H. Niewenglowski, Comptes Rend. **122**, 385, 1896.

(19) H. Becquerel, Comptes Rend. **122**, 420, 1896.

(20) H. Becquerel, Comptes Rend. **122**, 301, 1896.

(21) H. Becquerel, Comptes Rend. **122**, 359, 1896.

(22) A. Righi, Rendic. della R. Acc. di Bologna, 9. Febr. 1896. Die Erscheinung wurde gleichzeitig von mehreren Forschern beobachtet.

(23) G. C. Schmidt, Wied. Ann. **65**, 141, 1898.

(24) S. Curie, Comptes Rend. **126**, 1101, 1897.

(25) P. et S. Curie, Comptes Rend. **127**, 175, 1898.

(26) P. et S. Curie et G. Bémont, Comptes Rend. **127**, 1215, 1898.

(27) A. Debierne, Comptes Rend. **129**, 593, 1899.

(28) J. Elster und H. Geitel, Wied. Ann. **69**, 1899.

(29) F. Giesel, Chem. Berichte **33**, 3569, 1901.

(30) K. Hofmann und E. Strauß, Chem. Berichte **33**, 3126, 1900; **34**, 3035, 1901; **35**, 1453, 1902.

(31) K. Hofmann und V. Wolf, Chem. Berichte **36**, 1040, 1903.

(32) W. Marckwald, Phys. Zeitschrift **4**, 51, 1902.

(33) F. Giesel, Chem. Berichte **36**, 728, 1903.

(34) C. Baskerville, Journ. Amer. Chem. Soc. **23**, 761.

(35) R. Blondlot, Comptes Rend. **136**, 735 und folgende Hefte, 1903.

(36) R. J. Strutt, Phil. Trans. **196**, 525, 1901.

(37) E. Rutherford, Phil. Mag. (6) **5**, 177, 1903.

(38) H. Becquerel, Comptes Rend. **136**, 431, 1903.

(39) H. Becquerel, Comptes Rend. **129**, 912, 1899.

(40) F. Giesel, Wied. Ann. **69**, 834, 1899.

(41) S. Meyer und E. v. Schweidler, Phys. Zeitschr. **1**, 90 und 113, 1899.

(42) E. Dorn, Comptes Rend. **130**, 1126, 1900.

(43) P. et S. Curie, Comptes Rend. **130**, 647, 1900.

(44) W. Crookes, Proc. Roy. Soc. **71**, 405, 1903.

(45) H. Becquerel, Comptes Rend. **136**, 629, 1903.

(46) W. Huggins and Lady Huggins, Proc. Roy. Soc. **71**, 196, 1903.

(47) H. Becquerel, Comptes Rend. **138**, 25. Jan. 1904.

(48) W. Wien, Phys. Zeitschr. **4**, 624, 1903.

(49) E. Dorn, Phys. Zeitschr. **4**, 507, 1903.

(50) R. J. Strutt, Phil. Mag. (6) **6**, 588, 1903.

(51) P. Curie, L'Électricien, 23. Jan. 1904.

(52) A. Heydweiller, Phys. Zeitschr. **4**, 81, 1903.

(53) E. Dorn, Phys. Zeitschr. **4**, 530, 1903.

(54) P. Curie et A. Laborde, Comptes Rend. **136**, 673, 1903.

(55) N. Georgiewski, Journ. de la Soc. Phys.-Chim. Russe. **35**, 353, 1903.

(56) A. Righi, Mem. della R. Acc. di Bologna, (5), **10**, 595, 1903.

(57) H. Becquerel et P. Curie, Comptes Rend. **132**, 1289, 1901.

(58) J. Danysz, Comptes Rend. **136**, 461, 1903.

(59) Aschkinass und Caspari, Archiv f. d. ges. Physiologie. **86**, 1901.

(60) Danlos, Soc. de Derm., 7. Nov. 1901.
Hallopau et Gadaud, Ibid. 3. Juli 1902.

(61) E. Bloch, Comptes Rend. **132**, 914, 1901.

(62) R. B. Owens, Phil. Mag. **48**, 361, 1899.

(63) E. Rutherford, Phil. Mag. **49**, 1 und 161, 1900.

(64) H. R. v. Traubenberg, Phys. Zeitschr. **5**, 130, 1904.

(65) E. Rutherford and F. Soddy, Phil. Mag. (6) **5**, 561, 1903.

(66) P. et S. Curie, Comptes Rend. **129**, 1899.

(67) Elster und Geitel, Phys. Zeitschr. **3**, 76, 1901.

(68) A. Sella, Nuov. Cim. **3**, 138; **4**, 131, 1902.

(69) E. Rutherford and H. T. Barnes, Phil. Mag. (6) **7**, 202, 1904.

(70) O. Lodge, Nature 2. April 1903.

(71) J. J. Thomson, Nature 26. Febr. 1903.
R. J. Strutt, Phil. Mag. (6) **5**, 680, 1903.
J. C. Mac Lennan and E. F. Burton, Phil. Mag. (6) **5**, 691, 1903.

(72) E. Rutherford, Nature 1903, S. 511.
H. Lester Cooke, Phil. Mag. (6) **6**, 403, 1903.

(73) J. J. Thomson, Nature 1903, S. 90.

(74) J. Elster und H. Geitel, Phys. Zeitschr. **5**, 11, 1904.

(75) H. S. Allen, Nature 13. Aug. 1903.

(76) S. Nr. 72.

(77) J. Elster und H. Geitel, Beibl. 1899, S. 443.

(78) E. Rutherford and F. Soddy, Phil. Mag. (6) **5**, 576, 1903.

(79) W. Crookes, Proc. Roy. Soc. **66**, 419, 1900.

(80) H. Becquerel, Comptes Rend. **136**, 137, 1903.

(81) E. Rutherford and F. Soddy, Phil. Mag. (6) **5**, 441, 1903.
W. Ramsay, Nature August 1903, S. 354.
W. Ramsay und F. Soddy, Phys. Zeitschr. **4**, 651, 1903.

(82) Dewar et Curie, Comptes Rend. **138**, 190, 1904.

(83) W. Kaufmann, Wied. Ann. **61**, 544; **62**, 596; **65**, 431, 1898.

(84) S. Simon, Wied. Ann. **69**, 589, 1899.

(85) J. J. Thomson, Phil. Mag. **44**, 293, 1897.

(86) J. J. Thomson, Ibid.

(87) H. A. Wilson, Proc. Cambr. Phil. Soc. 1901, S. 179.

(88) P. Lenard, Wied. Ann. **64**, 279, 1898.
(89) P. Lenard, Wied. Ann. **65**, 504, 1898.
(90) E. Wiechert, Wied. Ann. **69**, 739, 1899.
(91) J. J. Thomson, Phil. Mag. **48**, 547, 1899.
(92) A. Righi, Mem. della R. Acc. di Bologna, (4) **10**, 110, 1890.
(93) J. J. Thomson, Phil. Mag. **48**, 547, 1899.
(94) P. Lenard, Drudes Ann. **2**, 359, 1900.
(95) H. Becquerel, Rapports du Congrès de Physique de Paris **3**, 47, 1900.
(96) W. Kaufmann, Gött. Nachr., 8. Nov. 1901; 26. Juli 1902; 7. März 1903.
(97) W. Wien, Wied. Ann. **65**, 440, 1898.
(98) J. J. Thomson, S. Nr. (4), S. 119.
(99) J. S. Townsend, Phil. Trans. 1900, S. 259.
(100) J. J. Thomson, Phil. Mag. **46**, 528, 1898.
(101) C. T. R. Wilson, Phil. Trans. 1897, S. 265.
(102) J. J. Thomson, Phil. Mag. (6) **5**, 346, 1903.
(103) H. A. Wilson, Phil. Mag. (6) **5**, 429, 1903.
(104) O. Lodge, S. Nr. (4).
(105) R. Blondlot, Comptes Rend. **135**, 666 und 721, 1902.
(106) A. Fusinieri, Memorie, Padova 1844, 1846, 1847.

Anhang.

Überblick über die wichtigsten nach Vollendung des Buches erschienenen Arbeiten über Radioaktivität und Elektronen.

I. Allgemeines über Elektronen.

J. J. Thomson. On the structure of the atom: an investigation of the stability and periods of oscillation of a number of corpuscles arranged at equal intervals around the circumference of a circle; with application of the results to the theory of atomic structure. Phil. Mag. **7**, S. 237, 1904.

J. J. Thomson. Electricity and matter. London, Constable 1904.

Ders. Elektrizität und Materie. Deutsch v. Liebert. 100 S. Braunschweig, Vieweg, 1904.

A. Sommerfeld. Zur Elektronentheorie. I. Allgemeine Untersuchung des Feldes eines beliebig bewegten Elektrons. Gött. Nachr. 1904, S. 99.

H. A. Wilson. Die experimentelle Bestimmung der Ladung der Gasionen. Jahrb. der Radioaktivität und Elektronik Bd. 1, S. 20, 1904.

A. Wehnelt. Über den Austritt negativer Ionen aus glühenden Metallverbindungen und damit zusammenhängende Erscheinungen. Ann. d. Phys. **14**, 425, 1904.

W. Wien. Zur Elektronentheorie. Phys. Zeitschr. **5**, 394, 1904.

M. Abraham. Die Grundhypothesen der Elektronentheorie. Phys. Zeitschr. **5**, 576, 1904.

H. A. Lorentz. Weiterbildung der Maxwellschen Theorie. Elektronentheorie. Enzyklop. der math. Wiss. **5**, 145—280, 1904.

P. Drude. Optische Eigenschaften und Elektronentheorie. Ann. d. Phys. **14**, 677—725, 936—961, 1904.

W. Seitz. Die experimentelle Bestimmung der spezifischen Ladung des Elektrons. Jahrb. d. Radioaktivität und Elektronik 1, 161—170, 1904.

A. H. Bucherer. Mathematische Einführung in die Elektronentheorie. 148 S. Leipzig, Teubner, 1904.

A. Sommerfeld. Zur Elektronentheorie. II. Grundlagen für eine allgemeine Dynamik des Elektrons. Gött. Nachr. 1904, 363—439.

J. J. Thomson. On the vibrations of atoms containing 4, 5, 6, 7 and 8 corpuscles, and on the effect of a magnetic field on such vibrations. Proc. Cambr. Soc. 13, 39—48, 1904.

H. A. Lorentz. The motion of electrons in metallic bodies. Proc. Amsterdam 7, 585—593, 1905.

P. Drude. Optische Eigenschaften und Elektronentheorie. Zeitschr. f. wiss. Photogr. 3, 1—6, 1905.

H. A. Lorentz. Ergebnisse und Probleme der Elektronentheorie. 62 S. Berlin, Springer, 1905.

II. Kathodenstrahlen und Röntgenstrahlen.

G. C. Schmidt. Die Kathodenstrahlen. 120 S. Braunschweig, Vieweg, 1904.

W. Kaufmann. Bemerkungen zur Absorption und Diffusion der Kathodenstrahlen. Ann. d. Phys. 13, 836—839, 1904.

E. Warburg. Über den Durchgang der Kathodenstrahlen durch Metalle. Verhandl. d. deutsch. phys. Ges. 6, 9—32, 1904.

A. Becker. Über den Einfluß von Kathodenstrahlen auf feste Isolatoren. Ann. d. Phys. 13, 394—421, 1904.

F. Neesen. Kathoden- und Röntgenstrahlen, sowie die Strahlung aktiver Körper. 240 S. Wien, Hartleben, 1904.

J. Stark. Das Wesen der Kathoden- und Röntgenstrahlen. 29 S. Leipzig, Barth, 1904.

E. Bose. Zur Chemie der Kathodenstrahlen. Zeitschr. f. Elektrochem. 10, 588—593, 1904.

E. Bose. Über die chemische Wirkung der Kathodenstrahlen. Phys. Zeitschr. 5, 329—331, 1904.

P. Villard. Sur les rayons cathodiques. C. R. 138, 1408—1411, 1904.

G. E. Leithäuser. Über den Geschwindigkeitsverlust, welchen die Kathodenstrahlen beim Durchgang durch dünne Metallschichten erleiden. Ann. d. Phys. 15, 283—306, 1904.

P. Lenard. Über sekundäre Kathodenstrahlung in gasförmigen und festen Körpern. Ann. d. Phys. 15, 485—508, 1904.

P. Villard. Sur les rayons cathodiques. Soc. Franç. de Phys. Nr. 224, 7, 1905.

W. Seitz. Zerstreuung, Reflexion und Absorption der Kathodenstrahlen. Jahrb. d. Rad. und El. 2, 55—67, 1905.

R. Reiger. Über das Verhältnis ε/μ bei Kathodenstrahlen verschiedenen Ursprungs. Verh. d. deutsch. phys. Ges. 7, 122—124, 1905.

K. Baumgart. Kathodenstrahlen. Journ. russ. phys.-chem. Ges. 36, 93—124, 1905.

E. Warburg. Über die Reflexion der Kathodenstrahlen an dünnen Metallblättchen. Berl. Ber. 1905, 458—464.

W. Wien. Über die Energie der Röntgenstrahlen. Phys. Zeitschr. 5, 128—130, 1904.

Ch. G. Barkla. Polarisation in Röntgen Prays. Nature 69, 463, 1904.

R. v. Lieben. Bemerkungen zur Polarisation der Röntgenstrahlen. Phys. Zeitschr. 5, 72—74, 1904.

B. Walter. Magnetische Ablenkungsversuche mit Röntgenstrahlen. Ann. d. Phys. 14, 99—105, 1904.

Ch. G. Barkla. Energy of secondary Röntgen radiation. Phil. Mag. (6) 7, 543—560, 1904; Proc. Phys. Soc. London 19, 185—204, 1904.

W. Wien. Über die Theorie der Röntgenstrahlen. Jahrb. d. Rad. und El. 1, 215—220, 1904.

A. Winkelmann und R. Straubel. Über die Einwirkung von Röntgenstrahlen auf Flußspat. Ann. d. Phys. 15, 174—178, 1904.

Ch. G. Barkla. Secondary Röntgen radiation. Nature 71, 430, 1905.

Ch. G. Barkla. Secondary Röntgen radiation. Proc. Roy. Soc. 74, 474—475, 1905.

III. Radioaktivität und radioaktive Stoffe.

H. Wilde. On the resolution of elementary substances into their ultimates and on the spontancous molecular activity of radium. Mem. and Proc. of the Manch. Soc. 48, 1—12, 1903—1904.

E. J. Mills. The heat of radium. Nature 69, 224, 1904.

F. Soddy. The evolution of matter as revealed by the radioactive elements. Nature 69, 418—419, 1904.

W. Ackroyd. The source of the energy of radium compounds. Nature 69, 295, 1904.

E. Rutherford. Radioactivity. 399 S. Cambridge, University Press 1904.

K. Hoffmann. Die radioaktiven Stoffe nach dem neuesten Stande der wissenschaftlichen Erkenntnis. 2. Aufl. 76 S. Leipzig, Barth 1904.

F. Soddy. The evolution of matter as revealed by the radioactive elements. Mem. Manch. Soc. 48, Nr. VIII. 42 S. 1904. — Die Entwickelung der Materie enthüllt durch die Radioaktivität. Deutsch v. G. Siebert. 64 S. Leipzig, Barth 1904.

P. Curie. Neuere Untersuchungen über Radioaktivität. Phys. Zeitschr. 5, 281, 313, 345, 1904.

C. Winkler. Radioaktivität und Materie. Chem. Ber. 37, 1655—1662, 1904.

W. Ramsay. The source of radium. Nature 70, 80, 1904.

J. Joly. The source of radium. Nature 70, 80, 1904.

F. Soddy. Radioactivity. An elementary treatise from the standpoint of the disintegration theory. London, The Electrician 1904. — Die Radioaktivität vom Standpunkt der Desaggregationstheorie elementar dargestellt. Deutsch von G. Siebert. 216 S. Leipzig, Barth 1904.

J. Stark. Vorgeschlagene Erklärungen der Radioaktivität. Jahrb. d. Rad. und El. 1, 70—82, 1904.

W. Mecklenburg. Die Theorien der Radioaktivität. Das Weltall 4, 373—380, 1904.

A. Reuterdahl. Das radioaktive Atom. Elektrochem. Zeitschr. 11, 116—120, 1904.

Cl. Schäfer, Elektronentheorie und Radioaktivität. Zeitschr. d. V. deutsch. Jng. 48, 992—996, 1904.

J. Trowbridge and W. Rollins. Radium and the electron theory. Phil. Mag. (6) **8**, 410—413, 1904; Sill. Journ. **18**, 77—79, 1904.

E. Bose. Kinetische Theorie und Radioaktivität. Phys. Zeitschr. **5**, 356—357, 1904.

E. Bose. Zur Kenntnis der Atomenergie, eine Beziehung zwischen kinetischer Theorie und Radioaktivität. Jahrb. d. Rad. und El. **1**, 133—138, 731—732, 1904.

R. J. Strutt. The Becquerel rays and the properties of radium. 214 S. London, Arnold 1904.

Ch. E. Guye. Les hypothèses modernes sur la constitution électrique de la matière. Rayons cathodiques et corps radioactifs. Journ. chim. phys. **2**, 549—572, 1904; **3**, 188—223, 1905.

E. Rutherford. Les problèmes actuels de la radioactivité. Arch. sc. phys. et nat. **19**, 31—59, 125—150, 1905.

F. Soddy. Die Definition der Radioaktivität. Jahrb. d. Rad. und El. **2**, 1—4, 1905.

E. Rutherford and H. T. Barnes. Heating effect of the radium emanation. Phil. Mag. (6) **7**, 202—219, 1904; Nature **71**, 151—152, 1904.

J. Precht. Die Wärmeabgabe des Radiums. Verh. d. deutsch. phys. Ges. **6**, 101—103, 1904.

G. B. Pegram and H. W. Webb. Energy liberated by thorium. Science **16**, 826, 1904.

K. Ångström. Contributions à la connaissance du dégagement de chaleur du radium. Arkiv för Mat., Astron. och Fys. **1**, 523—528, 1904.

F. Paschen. Über die Wärmeentwicklung des Radiums in einer Bleihülle. Phys. Zeitschr. **6**, 97, 1905.

E. Bose. Anwendung des Radiums zur Prüfung des Strahlungsgesetzes für niedrige Temperaturen. Phys. Zeitschr. **6**, 5—6, 1905.

E. Rutherford and H. T. Barnes. Heating effect of the γ-rays from radium. Phil. Mag. (6) **9**, 621—628, 1905.

C. Bonacini. Sull'origine dell'energia emessa dai corpi radioattivi. Rend. Linc. **13**, 466—473, 1904.

J. K. Puschl. Über die Quelle der vom Radium entwickelten Wärme. Wien. Anz. 1905, 270—273.

W. Marckwald. Radio-tellurium. Nature **69**, 347, 461, 1904.

F. Soddy. Researches relating to radium. Nature **69**, 297—299, 1904.

F. Soddy. Radio-tellurium. Nature **69**, 461, 1904.

F. Himstedt. Über die radioaktive Emanation der Wasser- und Ölquellen. Phys. Zeitschr. **5**, 210—213, 1904; Ann. d. Phys. **13**, 573—582, 1904.

A. Debierne. Sur l'émanation de l'actinium. C. R. **138**, 411—414, 1904.

J. A. Mc. Clelland. On the emanation given off by radium. Nature **69**, 383, 1904; Phil. Mag. (6) **7**, 355—362, 1904.

W. Ramsay und F. Soddy. Versuche über Radioaktivität und die Entstehung von Helium aus Radium. Zeitschr. f. phys. Chem. **47**, 490—494, 1904.

P. Curie and Dewar, Examination of a sample of gas occluded in radium bromide. Chem. News **89**, 85, 1904.

Dewar et P. Curie. Examen des gas occlus ou dégagés par le bromure de radium. C. R. **138**, 190—192, 1904; Journ. de Phys. **3**, 193—194, 1904.

Th. Indrikson. Über das Spektrum der Emanation. Phys. Zeitschr. **5**, 214—215, 1904.

W. Sutherland. The atomic weight of radium. Nature **69**, 606—607. 1904.

W.C.D.Whetham. The life-history of radium. Nature **70**, 5, 1904.

F. Soddy. The life-history of radium. Nature **70**, 30, 1904.

F. Giesel. Über den Emanationskörper (Emanium). Chem. Ber. **37**, 1696—1699, 3963—3966, 1904; Chem. News **90**, 259—260, 1904.

Ch. Baskerville. Thorium, Carolinium, Berzelium. Science **19**, 699, 1904.

J. Joly. Rate of decay of radium. Nature **70**, 30, 1904.

W. Ramsay and F. Soddy. Further experiments on the production of helium from radium. Proc. Roy. Soc. **73**, 346—358, 1904; Phys. Zeitschr. **5**, 349—356, 1904.

J. Precht. Das Spektrum des Radiums. Jahrb. d. Rad. und El. **1**, 61—70, 1904.

A. Debierne. Sur le plomb radioactif, le radio-tellure et le polonium. C. R. **139**, 281—283, 1904; Jahrb. d. Rad. und El. **1**, 220—222, 1904.

A. Debierne. Sur l'actinium. C. R. **139**, 538—540, 1904; Phys. Zeitschr. **5**, 732—734, 1904.

J. Stark. Gesetz und Konstanten der radioaktiven Umwandlung. Jahrb. d. Rad. und El. **1**, 1—11, 1904.

E. Rutherford. Der Unterschied zwischen radioaktiver und chemischer Verwandlung. Jahrb. d. Rad. und El. **1**, 103—127, 1904.

E. Rutherford. The succession of changes in radioactive bodies. Proc. Roy. Soc. **73**, 493—496, 1904; Phil. Trans. **204**, 169—219, 1904.

W. Ramsay. Die Emanation des Radiums, ihre Eigenschaften und Umwandlungen. Jahrb. d. Rad. und El. **1**, 127—133, 1904.

M. Berthelot. Emanations et radiations. C. R. **138**, 1553—1555, 1904.

F. Himstedt und G. Meyer. Über die Bildung von Helium aus der Radiumemanation. Ber. Naturf. Ges. Freiburg **14**, 222—229, 1904.

H. N. Mc Coy. Über das Entstehen des Radiums. Chem. Ber. **37**, 2641—2656, 1904.

C. Le Rossignol and C. T. Gimingham. The rate of decay of thorium emanation. Phil. Mag. **8**, 107—110, 1904.

H. Brooks. The decay of the excited radioactivity from thorium, radium and actinium. Phil. Mag. **8**, 373—384, 1904.

St. Meyer und E. v. Schweidler. Über zeitliche Änderungen der Aktivität. Wien. Anz. 1904, 375—377; 1905, 83; Wien. Ber. **114**, 387—395, 1905.

F. Giesel. Über Aktinium - Emanium. Phys. Zeitschr. **5**, 822—823, 1904.

F. Giesel. Über Emanium. Chem. Ber. **38**, 775—778, 1905.

T. Godlewski. A new radioactive product from actinium. Nature **71**, 294—295, 1905.

Ch. Baskerville and F. Zerban. Inactive Thorium. Journ. Amer. Chem. Soc. **26**, 1905; Chem. News **9**, 74—75, 1905.

F. Zerban. Zur Frage nach der Radioaktivität des Thoriums. Chem. Ber. **38**, 557—559, 1905.

F. v. Lerch. Versuche mit Th-X und Thoriuminduktionslösungen. Wien. Anz. 1905, 83—86.

W. Marckwald. Über das Radiotellur IV. Chem. Ber. 38, 591—594, 1905.

E. Rutherford. Slow transformation products of radium. Nature 71, 341—342, 1905.

T. Godlewski. A new radioactive product from actinium. Nature 71, 294—295, 1905.

F. Soddy. The origin of radium. Nature 71, 294, 1905.

W. C. D. Whetham. The origin of radium. Nature 71, 319, 1905.

B. B. Boltwood. The origin of radium. Phil. Mag. (6) 9, 599—613, 1905.

O. Sackur. Über die Zerfallskonstante der Radiumemanation. Chem. Ber. 38, 1753—1756, 1905.

O. Sackur. Über die Radioaktivität des Thoriums. Chem. Ber. 38, 1756—1761, 1905.

F. v. Lerch. Über das Th-X und die induzierte Radioaktivität. Wien. Anz. 1905, 126.

J. M. W. Slater. On the excited activity of thorium. Phil. Mag. 9, 628—644, 1905.

F. Giesel. Emanium. Chem. News 91, 145, 1905.

H. N. Mc. Coy. Radioactivity as an atomic property. Journ. Amer. Chem. Soc. 27, 391—403, 1905.

T. Godlewski. Some radioactive properties of uranium. Phil. Mag. (6) 10, 45—60, 1905.

T. Godlewski. Actinium and its successive products. Phil. Mag. (6) 10, 35—45, 1905.

St. Meyer und E. v. Schweidler. Zur Kenntnis des Aktiniums. Wien. Anz. 1905, 274.

W. Marckwald. Über Aktinium und Emanium. Chem. Ber. 38, 2264—2266, 1905.

St. Meyer und E. v. Schweidler. Über Radioblei und Radiumrestaktivitäten. Wien. Anz. 1905, 286—287.

F. Soddy. The production of radium from uranium. Phil. Mag. (6) 9, 768—779, 1905.

J. S. Davis. Secondary radiations of radium. Nat. 69, 489, 1904.

H. Becquerel. Sur la lumière émise spontanément par certains sels d'uranium. C. R. 138, 184—189, 1904.

A. Stefanini e L. Magri. Azione del radio sulla scintilla elettrica. Rend. Linc. 13, 268—271, 1904.

S. Skinner. The photographic action of radium rays. Proc. Phys. Soc. Lond. **19**, 82—86, 1904.

W. Ramsay and W. T. Cooke. Chemical action produced by radium. Nature **70**, 341—342, 1904.

E. Dorn und F. Wallstabe. Physiologische Wirkungen der Radiumemanation. Phys. Zeitschr. **5**, 568—570, 1904.

J. Elster und H. Geitel. Über die Aufnahme von Radiumemanation durch den menschlichen Körper. Phys. Zeitschr. **5**, 729—730, 1904.

M. Koernicke. Über die Wirkung der Röntgen- und Radiumstrahlen auf die Pflanze. Himmel und Erde **17**, 1—14, 1904.

A. S. Eve. On the secondary radiation caused by β- and γ-rays of radium. Phil. Mag. (6) **8**, 669—685, 1904.

J. A. Mc Clelland. Secondary radiation. Nature **71**, 390, 1905; Phil. Mag. (6) **9**, 230—243, 1905.

R. S. Willows and J. Peck. Action of radium of the electric spark. Phil. Mag. (6) **9**, 378—384, 1905.

H. F. Dawes. On the secondary radiation excited in different metals by the γ-rays from radium. Phys. Rev. **20**, 182—185, 1905.

G. T. Beilby. Phosphorescence caused by the β- and γ-rays of radium. Proc. Roy. Soc. **74**, 506—510, 511—518, 1905.

H. L. Cooke. Experiments on penetrating radiation. Cambridge Phil. Soc., May 15, 1905.

J. A. Mc Clelland. The penetrating radium rays. Trans. Dublin Soc. (2) **8**, 99—108, 1904.

A. Righi. Sull'elettrizzazione prodotta dai raggi del radio. Rend. Linc. (5) **14** [1], 556—559, 1905.

E. Rutherford. Some properties of the α-rays from radium. Phil. Mag. (6) **10**, 163—176, 1905.

Verlag von Johann Ambrosius Barth in Leipzig.

BESSON, PAUL, **Das Radium und die Radioaktivität,** allgemeine Eigenschaften und ärztliche Anwendungen. Mit einem Vorwort von d'Arsonval. Autorisierte deutsche Übersetzung von Dr. W. von Rüdiger. Gr. 8°. [VIII, 115 S. mit 22 Figuren.] 1905. M. 3.60, geb. M. 4.40.

Medizinische Klinik: Für alle Ärzte, welche Interesse daran haben, dem Naturwunder „Radium", sei es theoretisch oder durch eigene Forschung näher zu treten, ist das vorliegende Büchlein angelegentlichst zu empfehlen. — Ausgerüstet mit dem hier gespendeten Material wird der Arzt an der Hand der mitgeteilten Krankengeschichten auch in der Lage sein, selber therapeutische Versuche anzustellen.

Zwanglose Abhandlungen aus dem Gebiete der Elektrotherapie und Radiologie und verwandter Disziplinen der medizinischen Elektrotechnik. Herausgegeben von Dr. Hans Kurella, Ahrweiler, und Prof. Dr. A. Luzenberger, Neapel.

Heft 1: **Das Wesen der Kathoden- und Röntgenstrahlen.** Von Privatdozent Dr. Johannes Stark, Göttingen. [29 S.] 1904. M. —.80.

Heft 2: **Die Wärmestrahlung, ihre Gesetze und ihre Wirkung.** Von Dr. Fritz Frankenhäuser, Berlin. [50 S.] 1904. M. 1.20.

Heft 3: **Die Ionen- oder elektrolytische Therapie.** Von Prof. St. Leduc, Nantes. [47 S. mit 26 Abb.] 1905. M. 1.50.

Heft 4: **Die Franklinisation.** Von Prof. Dr. von Luzenberger, Neapel. [98 S. mit 24 Abb.] 1905. M. 2.80.

Heft 5: **Elektrische Gesundheitsschädigung am Telephon.** Ein Beitrag zur Elektropathologie von Dr. Hans Kurella, Ahrweiler. [56 S.] 1905. M. 1.50.

WIENER, Otto, **Die Erweiterung unserer Sinne.** Akademische Antrittsvorlesung, gehalten am 19. Mai 1900. Mit Zusätzen und Literaturnachweis. 8°. [43 S.] 1900. M. 1.20.

Der Verfasser erläutert in diesem Aufsatz an zahlreichen Beispielen aus der Physik den Satz, daß sich jedes neue Instrument oder jede Zusammenstellung bekannter Instrumente zu neuem Zwecke vom entwickelungsgeschichtlichen Standpunkte als eine naturgemäße Fortentwickelung und Erweiterung unserer Sinne darstelle.

Beiblätter zu den Annalen der Physik: Die Vorlesung gibt einen Überblick über die Leistungsfähigkeit unserer Sinne und zeigt, wie dieselbe durch physikalische Hilfsmittel erweitert werden kann.

Verlag von Johann Ambrosius Barth in Leipzig.

HOFMANN, KARL, Die radioaktiven Stoffe nach dem neuesten Stande der wissenschaftlichen Erkenntnis. 2. vermehrte und verbesserte Auflage. [76 S.] 1904. M. 2.—.

Elektrochemische Zeitschrift: Wenn es der Verfasser unternommen hat, durch vorliegendes Werk die Kenntnisse von den radioaktiven Stoffen und ihren Wirkungen auch in den Kreisen zu verbreiten, die diesem Gebiete bisher fern gestanden, so hat er sich damit sicherlich eine sehr verdienstvolle Aufgabe gestellt. Das Werk enthält einen vollständigen Überblick über unser gesamtes Wissen von den Erscheinungen der Radioaktivität und zwar in kurzer, prägnanter Darstellung.

Gaea: Trotz eines mäßigen Umfanges gibt das Buch die vollständigste allgemein verständliche Darlegung alles dessen, was über das Radium und die damit zusammenhängenden Fragen bis jetzt vorliegt.

RAMSAY, SIR WILLIAM, Einige Betrachtungen über das periodische System der chemischen Elemente. Vortrag, gehalten auf der 75. Versammlung deutscher Naturforscher und Ärzte zu Kassel. Gr. 8°. [29 S. mit 1 Abb.] 1903. M. 1.—.

Zeitschrift für phys. Chemie: Wie bekannt, hat Ramsay der großen Zahl seiner fundamentalen Entdeckungen eine höchst unerwartete neue hinzugefügt; die fortdauernde Bildung von Helium aus Radium. Man wird daher mit dem lebhaftesten Interesse in diesem Vortrage das Nähere hierüber sowie über die allgemeinen Betrachtungen entnehmen, welche diese Tatsache bei dem geistvollen englischen Forscher ausgelöst hat.

SODDY, FREDERICK, Die Entwickelung der Materie enthüllt durch die Radioaktivität. Wilde Vorlesung, gehalten am 23. Februar 1904 in der Literary and Philosophical Society in Manchester. Autorisierte Übersetzung von Prof. G. Siebert. [64 S.] 1904. M. 1.60.

Zeitschrift für Elektrochemie: Die Vorlesung enthält die hochinteressanten Vorstellungen, wie sie sich dem bekannten Arbeitsgenossen Rutherfords und Ramsays aus den wichtigsten Untersuchungen ergeben haben, die wohl bis heute auf dem Gebiete der Radioelemente gemacht worden sind. Die Lektüre des Vortrages wird jedenfalls allseitig Spannung und Anregung geben, und so sei sie jedermann wärmstens empfohlen.

SODDY, FREDERICK, Dozent der physikalischen Chemie und Radioaktivität in Glasgow, **Die Radioaktivität** in elementarer Weise vom Standpunkte der Desaggregationstheorie aus dargestellt. Unter Mitwirkung von Dr. L. F. Guttmann, übersetzt von Prof. G. Siebert. [XII, 216 S.] 1904. M. 5.60, geb. M. 6.40.

Zeitschrift für angewandte Chemie: Die Art, wie Soddy die radioaktiven Vorgänge in das große Gebiet der Strahlungserscheinungen einordnet, wie er am Schluß in dem Kapitel „Ausblicke" die Folgerungen zieht für andere Wissensgebiete, wie er zeigt, daß fundamentale Gesetze der Physik wie der zweite Hauptsatz der Wärmelehre oder das Gesetz von der Konstanz der Masse möglicherweise eine Einschränkung erfahren werden, das alles macht das Buch auch für den sehr anziehend und lesenswert, dem das Forschungsgebiet des Verfassers fern liegt.